신비한 빛과 에너지

4차원의 세계

초판 1쇄 발행 2010년 3월 15일
　　3쇄 발행 2013년 6월 10일

지 은 이　　유광호
펴 낸 이　　최대석
펴 낸 곳　　행복우물

디 자 인　　디자인여우야(umbobb@daum.net)

등록번호　　제307-2007-14호
등 록 일　　2006년 10월 27일

주　　소　　경기도 가평군 가평읍 경반리 173
전　　화　　031)581-0491
팩　　스　　031)581-0492
이 메 일　　danielcds@naver.com

ISBN 978-89-93525-06-9
정가 13,000원

*잘못된 책은 교환해 드립니다.

신비한 빛과 에너지

4차원의 세계

유광호 지음

행복우물

우리가 살아가는 대우주의 탄생원리와 운용체계를 알면
우리는 소망대로 세상을 재미있게 살다 갈 수 있으며
전생, 현생, 그리고 내생의 세계를 자유로이 출입할 수 있습니다.
이것이 바로 우리가 그동안 목마르게 찾아 헤매던 《4차원의 세계》입니다.

無爲空心

牛首山人旨誌

프롤로그 ●●

   신비한 빛과 에너지의 출처를 찾는 역정의 드라마가 이 책의 구성 요소입니다. 먼저 이 글을 쓰도록 동기부여와 기초지식을 가르쳐 주신 군기도 지암원 이원홍 총재님께 깊은 감사의 말씀을 드립니다. 그리고 빠르고 깊은 기감을 얻게 해준 레드썬 최면과학원에도 감사를 드립니다.

   신비한 빛과 에너지의 출처를 찾아 난해하고도 복잡한 입자 물리학을 밤낮 없이 깊숙이 파고들었습니다. 마치 금광에서 금을 캐듯이 지루하고 힘든 공부를 해야만 했습니다. 지하 깊숙이 산재된 금광석을 찾듯이 물리학 곳곳에 산재된 에너지의 출처를 찾아 오랜 날을 헤맸습니다. 그리고 그 출처를 발견하고 확인하는 순간 이루 말할 수 없는 희열을 느끼기도 하였습니다.

   이제 이러한 현대물리학을 바탕으로 기(氣)의 운행원리를 당당하게 말할 수 있게 되어 보람을 느낍니다. 그러나 이 책의 한정된 분량 속에서는 차원 높은 천신기(天神氣)의 전모를 감히 다 기록할 수 없었음을 솔직히 고백합니다. 부언한다면, 이 책은 단지 천신기를 공부하기 위한 오리엔테이션에 불과합니다.

산골짜기에서 흐르는 맑은 물을 양이 먹으면 젖이 되고 독사가 먹으면 독이 되듯이, 우주의 에너지를 긍정적으로 받아들이면 천복의 삶을 살 수 있으며 부정적으로 받아들이면 고통의 삶을 감내할 수밖에 없습니다.

많은 사람들이 이 책을 통해 자연과 우주의 이치를 깨닫고 긍정의 힘을 얻어 천복의 길로 나가기를 간절히 바랍니다.

이 책이 나오기 까지 조언과 용기를 넣어주신 지인 여러분과 묵묵히 내조해준 사랑하는 아내에게 감사드리며, 끝으로 돌아가신 부모님 영전에 삼가 이 책을 바칩니다.

차 례 ●●

제3부 우리는 누구인가?

우리는
어디에서 왔는가?

우리가 무엇을 하든, 이 세상에 태어난 이상 우리는 어디서 왔는지를 먼저 알아야합니다. 우리의 출처를 알아야 우리가 어떠한 존재인가를 깨달을 수 있습니다. 지금부터 이 세상이 생성되어 우리가 태어날 때까지, 생성과 소멸을 거듭하면서 분화되고 진화되는 대역정의 드라마를 추적해 보겠습니다.

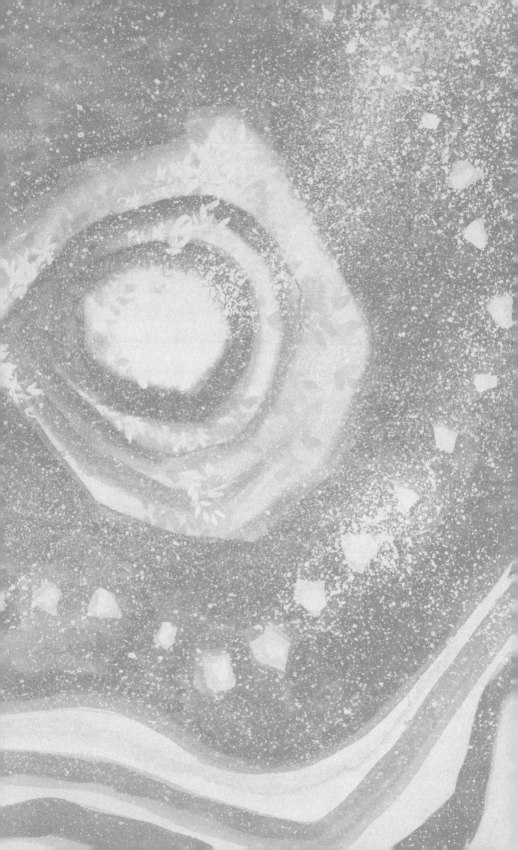

제1장
거시세계와 미시세계

:: 우주의 DNA와 RNA

이 세상은 망원경으로 바라보는 거시세계와 현미경으로 들여다보는 미시세계가 있습니다. 이러한 두 세계를 홍길동이라는 사람을 기준으로해서 살펴 보겠습니다.

먼저 거시세계를 보면, 홍길동은 서울에 있는 집에 살며, 서울은 한반도에 속하고, 한반도는 아시아에, 아시아는 지구에 속하고, 지구는 태양계에, 태양계는 은하계에, 그리고 은하계는 우주에 속해 있습니다. 우주 밖은 인간이 범할 수 없는 신의 영역이라 합시다.

미시세계를 보면, 홍길동은 신체의 조직이 있으며, 조직은 세포로 되어 있고, 세포 속에는 세포핵이 있고, 세포핵 속에는 DNA가 있고, DNA는 분자로 이루어져 있고, 분자는 원자로 구성되었으며,

원자를 쪼개보면 전자와 핵이 있고, 핵은 중성자와 양성자로 이루어져 있으며, 중성자와 양성자는 쿼크라는 여섯 가지의 한계물질로 이루어져 있습니다.

홍길동 ·························· 미시세계 · 현미경 ··························
손→ 세포→ 분자→ 원자→ 전자 · 양성자 · 중성자→ 쿼크→ 에너지→ 신계

이 여섯 종의 쿼크는 내부구조가 빨강 · 초록 · 파랑의 삼원색으로 되어있으며 더 이상 쪼갤 수 없습니다. 이렇게 더 이상 쪼갤 수 없는 세계 역시 인간이 범할 수 없으며 이를 신의 관할 하에 있다고 보고 신계(神界)라고 합시다.

홍길동 ·························· 거시세계 · 망원경 ··························
집→ 서울→ 한반도→ 아시아→ 지구→ 태양계→ 은하계→ 우주→ 신계

인간이 자연의 현상을 연구하다보니까, 거시세계로는 137억 년의 우주시공까지 탐구하였고, 미시세계로는 원자핵과 전자 · 중성자 · 양성자까지 관찰했습니다. 또, 극미세계의 핵자를 이루는 여섯 종의 쿼크 삼원색(빨강 · 초록 · 파랑)도 탐구하였습니다.

🌴 오아시스 🐫 자연의 계층구조 :

자연의 가장 큰 수준은 우주입니다. 우주 안에 은하, 은하 안에 태양계, 태양계 안에 지구, 지구 안에 생물, 생물 안에 세포, 세포 안에 분자, 분자 안에 원자, 원자 안에 양자, 양자 안에 에너지 … 이런 구조를 자연의 계층구조라 합니다.^^

원자는 전자와 원자핵으로 이루어졌고 원자핵은 중성자와 양성자로 되어있는데 중성자는 2개의 쿼크와 1개의 쿼크로 구성되었고, 양성자는 2개의 쿼크와 1개의 쿼크로 구성되었습니다.

더 이상 쪼갤 수 없는 한계물질인 쿼크는 여섯 가지가 있는데, u(up), d(down), s(strange), c(charm), b(bottom), t(top)이 바로 그것들입니다.

u 쿼크와 d 쿼크는 양성자와 중성자의 입자이며, s 쿼크는 오메가 입자와 순간 물질의 입자이고, c 쿼크와 b 쿼크는 중간자의 생성을 통해 이루어진 입자입니다. 또 t 쿼크는 질량이 가장 큰 향(香) 입자입니다. 그러나 이 여섯 종의 쿼크 중 실제로는 u 쿼크와 d 쿼크가 우주를 구성해 갑니다.

다시 말해, 이 세상의 모든 물질은 원자핵을 도는 전자와 이 여섯 개의 쿼크로 이루어져 있으며, 이 쿼크들은 더 쪼갤 수 없는 한계물질이며 3원색의 내부구조로 되어있어 투명하게 보입니다.

이 세상의 모든 물질은 크건 작건 간에 쿼크라는 입자로 구성되었다고 했습니다. 그런데 그냥 무질서하게 구성된 것이 아니라 하나의 시스템으로 구성되어 있습니다. 시스템은 일정한 질서에 의해 구성되는 것이며, 일정한 시스템으로 구성되기 위해서는 구성

입자가 정보, 즉, 의식을 가지고 있어야 합니다.

퀴크란 입자들은 중성자나 양성자를 어떻게 구성해야 하는지를 알고 있으며, 원자핵과 전자는 어떻게 원자를 구성해야 하는지를 알고 있으며, 원자는 어떻게 해야 분자를 구성할 수 있는지를 알고 있기 때문에, 이 세상 모든 물질은 스스로 구성되고 스스로 존재하는 것입니다.

생물학적으로 DNA만이 유전정보를 갖고 있어 생명을 창조하는 것이 아닙니다. 이 세상 모든 물질은 정보력을 가지고 있습니다. 그 정보력 때문에 물질은 상호작용을 하면서 세상에 존재합니다.

예를 들면, 물에는 비누를 녹이는 정보가 있고 때를 씻어내는 정보가 있어 물로 세탁이 가능한 것입니다. 물은 100도씨에 끓는 정보를 가지고 있으며, 인체에 들어가 어떻게 혈액을 만들고 어떻게 생명유지를 해야 하는지를 다 알고 그 역할을 수행합니다.

물 뿐만이 아닙니다. 시멘트는 모래와 물과 어떻게 배합되고 어떻게 굳어야 하는지 스스로 정보를 가지고 그 역할을 수행합니다.

한 마디로, 이 세상 모든 물질은 정보를 가지고 대자연의 시스템 속에서 질서정연하게 움직이는 것입니다. 이 질서정연한 대자연의 시스템이 바로 자연법칙이자 자연현상입니다.

또한 정보를 가진다는 말은 의식을 가졌다는 의미도 됩니다. 그러므로 우주만물은 모두 의식을 가진 의식체라 할 것입니다.

그런데 이 최소 단위 소립자들이 어떠한 물질로 구성되기 위해서는 힘, 즉, 에너지가 필요합니다. 자연법칙은 물질과 운동의 상호작용 시스템이기 때문입니다.

자연에는 네 개의 기본적인 힘이 있습니다. 이 네 개의 힘으로 자연계는 존재하고 운행되는 것입니다.

생체 세포에 DNA와 RNA가 있듯이, 쿼크와 같은 소립자들이 DNA, 즉, 정보지시라고 한다면, 네 가지 기본 힘은 RNA로 전달하는 운송수단에 비유될 수 있을 것입니다. 그 네 개의 힘을 좀 더 살펴보면 다음과 같습니다.

① 만유인력 : 질량에 의하여 상호작용하는 힘

② 전자기력 : 전하를 띤 두 물체의 상호작용하는 힘으로 인력 또는 척력

③ 강력 : 핵, 즉, 중성자와 양성자를 이루는 쿼크간의 상호작용하는 힘

④ 약력 : 우라늄의 경우처럼 중성자가 자연 붕괴되어 양성자와 전자로 바뀌는 힘

이렇듯 여섯 개의 기본 질료와 네 개의 기본 힘이 상호작용하면서 우주만물을 생성합니다. 마치 유전정보인 난자와 정자가 합치면 태아를 만들고 사람이 되도록 프로그램을 가지고 있듯이, 여섯 개의 기본 질료 쿼크는 상호작용을 하며 우주만물을 생성할 수 있는 정보를 가지고 있습니다.

쿼크들은 자연계의 기본 힘과 상호작용으로 핵, 즉, 중성자와 양성자를 구성하고, 핵과 전자가 원자를 구성하고, 원자들이 분자를

구성하고, 분자들이 물질을 구성하면서 우주만물이 생성되어 나갑니다.

여기서 원자 내부의 소립자들인 전자, 양성자, 중성자들을 양자라고 합니다. 원자 속에선 전자가 원자핵을 돌며 파동을 칩니다. 그리고 파동은 파장을 일으킵니다. 다시 정리하면, 파장을 가지고 있는 원자로 우주만물이 구성되어 있으므로, 우주만물도 파장을 가지고 있습니다.

모든 물질의 파장은 그 물질의 고유 에너지와 정보를 가지고 있습니다. 우주는 이러한 물질들의 에너지정보 장(場)으로 가득 차 있습니다. 그러므로 우주의 허공이나 진공도 에너지와 정보로 꽉 차있는 셈입니다.

:: 양자물리학과 양자생물학

양자론이란 원자 이하 단위, 즉, 원자를 구성하는 소립자들을 규명하는 이론입니다. 거시세계와 미시세계에서 잠깐 살펴보았습니다만, 상대론과 양자론은 현대 물리의 양대 축입니다.

상대론은 시공간의 이론이며 우주라는 무대를 탐구하는 학문입니다. 반면 양자론은 전자나 빛의 이론이며 우주라는 무대에서 활약하는 배우들의 활동을 연구하는 학문입니다.

원자 속에 전자들의 운동 상태에 따라, 한계물질인 쿼크들의 특성에 따라, 난해한 물리이론이 전개됩니다.

　나는 여기서 물리학을 이야기 하려는 것이 아니라, 여러 가지 우리가 경험하는 자연 현상들을 물리적으로 규명하기 위해 최소한의 물리학적 지식을 가져 보자는 주장을 펴고자 합니다.

　그 이유는, 우리가 믿을 수 없는 현상들이 과학적으로 규명되고 있다는 사실을 알아야만 황당하다는 이야기를 하지 않고 자연의 이치에 따라 세상을 살 수 있는 현명한 지혜를 얻게 되기 때문입니다.

　미신보다도 더 미신 같은 자연현상들을 이해하면, 우리는 이 세상을 더 잘 살 수가 있다는 엄연한 사실을 말해둡니다. 양자론의 에너지정보 장에 관하여 한 단계 더 진보적으로 이해하기 위해서 데이비드 봄(David Bohm)의 이론을 인용해 보겠습니다.

　20세기에 양자 물리학이 시작되면서 전자(電子)의 운동에너지의 출처를 규명하는 과정에 맥스웰의 퍼텐셜 이론이 필요했습니다. 데이비드 봄은 퍼텐셜을 이용하여 전자의 운동에너지의 출처를 규명하였으며, 스칼라 퍼텐셜(scalar potential)을 이름을 바꾸어 초양자 장(supertuantumfield) 혹은 초양자 파동(superquan -tum wave)이라고 불렀습니다.

　따라서 봄의 이론을 요약해 보면, 물질은 분자로, 분자는 원자로, 원자는 의식으로, 의식은 소립자로, 소립자는 파동으로, 파동은 에너지로, 에너지는 초양자 장으로 환원될 수 있다는 것입니다. 이것이 봄의 양자이론입니다.

봄의 양자이론은 아스펙트(Alain Aspect)에 의하여 실험적으로 증명된 이후로 새로운 주목을 받게 되었습니다. 특히 블랙홀 이론을 창시한 옥스퍼드 대학의 펜로즈(Roger Penrose) 교수, 양자이론의 개념적 토대를 세운 세계적 권위자 중의 한 사람인 파리 대학교의 베르나르 데스파냐(Bernard d'Espagnat) 교수, 그리고 1973년 노벨 물리학상을 수상한 케임브리지 대학교의 조셉슨(Brian Jose- phson) 교수등은 봄의 양자이론을 열렬히 지지하였습니다.

봄(Bohm)의 양자이론을 좀 더 자세히 살펴보면 다음과 같이 요약될 수 있습니다.

첫째, 우주의 허공은 텅 비어 있는 것이 아니라 초양자 장으로 충만되어 있다고 하였습니다.

둘째, 초양자장으로 충만된 우주는 하나(oneness)로 연결되어 있는데 이것을 비국소성 원리(non-locality principle)라고 불렀습니다.

셋째, 우주에 존재하는 모든 것은 초양자 장으로부터 분화되며, 이렇게 하여 생긴 존재는 크게 정신계(의식계), 에너지계 그리고 물질계로 나눌 수 있다고 하였습니다.

이때, 에너지가 분화되는 과정을 보면 초양자 장이 중첩되어 파동이 되고, 파동이 중첩되어 에너지가 된다고 하였습니다.

유신론적 우주의 관점에서 살펴보면, 의식의 분화는 초양자 장이 중첩되어 파동이 되고, 파동이 중첩되어 에너지가 되며, 에너지가 중첩되어 소립자가 되며, 소립자가 중첩되어 초기의식이 된다고 하였으며, 초기의식이 중첩되어 정신(혼·백·귀)이 되고, 정신이 중첩되어 무의식이 되고, 무의식이 중첩되어 의식이 되고, 의식이 중첩되어 사상이 됩니다.

유물론적 우주의 관점에서 살펴보면, 물질의 분화는 초양자 장이 중첩되어 파동이 되며, 파동이 중첩되어 에너지가 되며, 에너지가 중첩되어 소립자가 되며, 소립자가 중첩되어 초기의식이 되고. 초기의식이 중첩되어 원자가 되고, 원자가 중첩되어 분자가 되고, 분자가 중첩되어 물질이 된다고 하였습니다.

초기의식은 일종의 성질을 의미합니다. 만물의 기본인 원자는 각각 성질이 있으며, 이들이 화학결합을 하면 그 성질 또한 화학적 성질을 가집니다. 그러므로 만물은 자연적으로 성질을 가지게 됩니다.

여기서 의식은 정보성을 지닌 아원자로 미묘한 의미가 있습니다. 초기의식이 중첩되어 정신이 되는데, 만일 사람이 죽으면 몸과 정신이 분리되며 정신은 사라지는 것이 아니라 우주의 에너지를 계속 섭취하며 진화, 또는 퇴화하면서 순환합니다. 정신은 파동과 에너지의 중첩과정을 통해 진화된 것이므로 쉽게 그 존재가 소멸되지 않습니다.

우주의 모든 순환은 동일한 원리로 이루어지고 있습니다. 그래서 물의 순환 원리를 보면 만물의 순환 원리를 알 수 있습니다. 정신(의식계)도 그 순환이 물과 같다고 보면 됩니다. 따라서 에너지, 마음, 물질 등은 동일한 질료로부터 만들어진다고 하였습니다. 이와 같이 우주에 존재하는 모든 물질은 초양자 장으로부터 분화되기 때문에 마치 러시아 인형처럼 부분 속에 전체의 정보가 들어 있다고 하였으며 이것을 홀로그램(hologram) 모델이라고 불렀습니다.

🌴 오아시스 🐪 홀로그램 모델 :

물의 순환으로 만물의 순환을 깨달을 수 있듯이 말이나 돼지의 해부도를 보고 사람의 해부도를 짐작할 수 있으며 나아가 모든 동식물의 해부도 원리를 짐작할 수 있습니다. 또한 모든 생물은 탄생의 정보를 씨(seed)에 입력시켜 발아 조건만 갖추면 급팽창하며 발아와 성장을 합니다. 우주의 씨나 겨자의 씨나 그 원리는 같습니다.^^

또한 봄은 우주를 홀로그램이라고 말함으로써 수학적 언어로 우주의 모든 것을 설명할 수 있다고 하였으며, 따라서 우주에 존재하는 물질이나 에너지 그리고 마음 같은 것도 수학으로 표현할 수 있다고 하였습니다.

이와 같이 봄은 현재의 과학 수준 때문에 실험으로 증명할 수 없는 것은 수학적 이해로 설명하고자 하였는데, 이것을 '봄의 양자 형이상학' 이라고 부릅니다.

글렌 라인(Glen Rein)은 러시아계의 미국인 생물학자로 데이비드 봄의 양자이론을 생물학에 접목시켰으며《양자생물학 - Quantum Biology》이라는 책을 저술하였습니다.

글렌 라인의 양자 생물학의 중요한 개념은 다음과 같습니다.

첫째, 생물은 몸과 마음이 합쳐진 이중 구조로 되어 있다고 하였으며, 이때 마음은 확실히 존재하는 실체이며, 마음은 반드시 뇌에 위치하는 것이 아니라 몸과 비슷한 크기의 공간을 차지하며, 몸의 공간과 겹치면서 존재한다고 하였습니다.

둘째, 생물의 몸은 장기, 조직, 세포, 분자 등과 같이 '눈에 보이는 부분(explicate order)'이 있는가 하면, 원자 이하의 전자, 양성자 및 중성자, 에너지, 파동 그리고 초양자 장과 같은 '눈에 보이지 않은 부분(implicate order)'이 있다고 하였습니다.

따라서 글렌 라인의 양자 생물학의 핵심은, 모든 생물은 눈에 보이는 육체, 눈에 보이지 않는 육체 및 마음이라는 세 가지 구성 성분으로 되어 있다는 점입니다. 여기서 눈에 보이지 않는 육체에 대하여 글렌 라인은 별도로 정보-에너지 장(information-energy field)이라는 용어를 사용하였고 정보-에너지 장은 구체적으로는 미세파동(subtle wave)이라고 하였습니다.

우주만물의 생성과정을 보면, 초양자 → 파동 → 에너지 → 소립자(의식) → 원자 → 분자 → 물질 순으로 중첩되어 생성되어 나갑니다.

그러므로 모든 물질은 파동 에너지로 인하여 발생된 고유에너지 정보 장을 가지고 있습니다. 이 말은 우주만물은 고유주파수를 가졌다는 말입니다. 그러므로 우리는 우리 몸의 주파수만 맞추어 놓으면 원하는 모든 정보를 얻을 수 있습니다.

몸	수 · 발신기(라디오)
두뇌	주파수 채널
개인 에너지정보 장	수 · 송신탑(안테나)
오감 + 송과체(영안)	스피커(정보스캐너)
우주	에너지정보 바다

　인간의 몸은 이 세상에서 가장 정교한 수신기입니다. 또한 두뇌도 최고의 주파수 잡는 채널이며, 에너지정보 장은 우주의 정보와 항시 교류하는 고성능 송 · 수신탑입니다. 이러한 구조를 가진 인간의 몸은 우주와 정보교환을 하며 소망대로 살 수 있는 세상의 주인입니다.

　송과체는 우주의 정보를 시각화하는 영안이며 요즘말로 하면 고성능 스크린 스캐너입니다. 송과체가 퇴화하기 전에는 우리 인간들은 제3의 눈으로 우주의 정보를 감지했습니다. 이것을 소위 영안(靈眼)이라 합니다. 그러나 지금은 송과체의 퇴화로 인하여 오감(五感)으로만 우주의 제한적인 정보를 감지할 수밖에 없게 된 것입니다.

:: 제3의 눈 송과체(松果體)

과학자들은 '제3의 눈'은 태아가 2개월 정도 되었을 때 형성되는데 그것은 형성되자마자 바로 퇴화하기 시작하여 나중에는 두뇌 안의 완두콩 크기의 송과체로 되어 소위, '퇴화된 눈'이 된다는 사실을 발견하였습니다. 그밖에 송과체의 전면에 눈의 구조가 있으며 빛의 명암과 색깔을 분별하는 단백질이 있다는 것을 의학적으로 증명하였습니다.

또한 파충류에도 '제3의 눈'이 있고 빛과 자기 장에 아주 민감하고 초음파와 저주파를 감지할 수 있다는 사실도 발견하였습니다. 태양빛은 신경계통을 통하여 송과체로 전송되어 오고 초음파와 저음파도 감지하므로 파충류는 지진과 화산의 폭발 등 자연재해에 아주 민감합니다.

그렇다면 인간의 제3의 눈은 어떤 능력이 있을까요?

절의 벽화와 불상의 앞이마에는 모두 제3의 눈을 나타내는 표시가 있습니다. 전설에 의하면 이 눈은 다른 사람의 생각을 알 수 있는 타심(telepathy)과 먼 곳을 보는 요시(clairvoyance) 등 초자연적인 능력이 있다고 합니다. 정신적 수련을 오래한 사람들은 이러한 신기한 능력을 얻을 수 있다고 합니다.

인간의 대뇌는 우주 중의 에너지를 모을 수 있고 대뇌의 송과체는 우주와 통하는 비범한 상상력을 발휘하여 그것을 시신경계로 보냅니다. 그런 다음, 이런 신호는 시신경을 따라서 망막에 들어가 망막에서 가상적인 영상을 이루어냅니다. 동시에 이 영상을 계속 대뇌로 전송하여 의식을 형성합니다. 선지(先知)적 화면이 눈앞에 나타나는 것은 송과체가 작용한 결과입니다.

생물학자들은 송과체를 형성한 세포가 망막의 색소세포와 비슷하며 세라토닌과 멜라토닌을 분비한다는 사실을 발견하였습니다.

멜라토닌은 저녁에 분비되며 진정작용이 있고, 세라토닌은 보통 낮에 분비되어 신체를 활성화시킵니다. 이 연구결과를 보면 멜라토닌은 세포간의 물질교환을 조절하는 신호역할을 한다고 합니다.

고대에 '에너지 중심설'이라는 학설이 있었는데, 그 학설에 의하면 송과체는 인체 기능을 정상적으로 운행하게 하는 작용을 했다고 합니다.

과학자들은, 일생을 종교적으로 살거나 혹은 깊은 생각에 잠기기 좋아하는 사람은 신체에 믿을 수 없는 호르몬의 변화가 발생하여 두개골이 얇아지게 된다는 사실을 발견하였습니다. 그 이유는 두개골이 얇아야 송과체가 우주 중의 에너지를 더욱 쉽게 얻을 수 있기 때문이라고 합니다.

그밖에 송과체는 성기능과 직접적인 연관이 있으며, 금욕을 하면 그것의 신경통로를 활성화 할 수 있다는 사실도 밝혀내었습니다. 멜라토닌은 젊은 사람의 성기능을 억제하고 수명을 연장합니다. 이것이 아마도 마술이나 운세를 보는 사람들이 숫총각이나 숫처녀, 혹은 아동들에게 그들의 일을 돕게 하는 주요한 원인일 것입니다.

인류초기엔 송과체가 정상으로 성장하여 사람들은 영안을 가지고 살았습니다. 눈을 감고도 천리 밖을 내다보고 있으니, 세상의 모든 정보를 가지고 모든 문제를 해결해 나갔던 것입니다. 그러다 보니 아플 일도 없고, 만사에 걱정이 없으니 노화도 아주 느려져서 7백 살 ~ 8백 살은 기본으로 살았을 것입니다.

우리는 그 당시의 사람들을 신격화 하고 있습니다. 창세기 성경 속의 인물들이 모두 그렇게 장수했고, 우리나라 단군도 그 이상 장수를 했다는 전설이 있습니다. 우리가 송과체의 비밀을 안다면 이런 이야기들이 꼭 허황된 이야기만이 아님을 깨닫게 될 것입니다.

나 역시도 이렇게 장수한 사람들에 대한 이야기는 꾸며낸 신화적인 이야기로만 생각했습니다. 그러나 송과체라는 것이 실제로 우리 몸에 흔적으로 남아 있으니, 이 송과체가 정상 성장했다면 우주에 가득한 에너지정보 장을 통하여 우주의 에너지를 자유자재로 활용하였을 것입니다. 그 결과, 우리는 언제나 건강을 유지하고 노화는 아주 느리게 진행되어 7백 살 ~ 8백 살은 거뜬히 살 수 있었을 것이라고 확신합니다. 다시 말해, 송과체가 퇴화되기 이전엔 인간은 신의 세상에서 살았다고 할 수 있습니다.

🌴 **오아시스** 🐪 송과체 :

송과체의 멜라토닌 호르몬 분비는 수면촉진, 생리조절, 노화방지, 전립선암 치료, 코레스테롤 조정, 생식기능강화, 폐질환 치료에 작용합니다.^^

그러나 불행하게도 인간은 언제부터인가 도구와 문명을 맹신하므로 해서 송과체가 퇴화되어 영안이 닫혀 버렸습니다. 타심과 요시를 상실하여 오감으로 밖엔 우주의 정보를 잡을 수 없게 되었습니다. 그 결과 외부적으론 재앙을 피하지 못하게 되었고 내부적으론 질병과 노화를 막지 못해 급격하게 인간의 수명은 단축되었습니다.

영안(靈眼)이 닫혀버린 인간들에게는 어떤 삶이 주어졌을까요? 사람들은 마치 맹인이 대낮에 지팡이로 더듬거리며 길을 가듯 세상을 더듬거리며 살게 되었던 것입니다.

수년전 인도네시아에서 쓰나미 현상이 일어났을 때, 모든 동물들은 우주의 정보를 사전에 감지하고 미리 안전하게 대피하였는데, 사람들은 영안이 닫힌 관계로 우주의 정보를 읽지 못해 파도에 휩쓸려 목숨을 잃어야했습니다.

오늘날 우리는 송과체의 기능상실로 세상을 더듬거리며 삽니다. 누가 옆에 앉아 거짓말을 해도 모르고 자기를 해치려고 웃으며 접근해도 모르며 살고 있습니다.

비록 일반 대다수의 사람들은 영안이 닫혔지만 일부 성현들이나 극소수의 사람들은 열린 영안으로 세상을 바라보고 이 세상의 모습을 말해주고, 이 세상을 어떻게 살아야 하는지를 말해줍니다. 맹인이 앞을 못 보더라도 안내자가 잘 인도해주면 아무 불편 없이 길을 갈 수 있으며, 안내자가 주변을 잘 설명해주면 주변의 아름다운 경치까지 감상하며 길을 갈 수 있습니다.

영안으로 세상을 바라보고 말하는 성인들의 말에 귀를 기울이고 길을 가면, 분명 영안을 가지고 세상을 살아가는 것과 같은 소망의 삶을 즐길 수 있습니다.

성인(聖人)들에 의하면 모든 사람들은 소망 또는 천복을 손에 쥐고 이 세상에 태어났다고 합니다. 그런데 이미 원하는 모든 것을 손에 쥐고도 영안이 없어 손에 잡힌 소망을 보지 못한다고 합니다. 그리고 그런 현자들의 말을 무시하고 우리 손안에 있는 소망을 스스로 땅에 내버리고 힘들고 어렵게 세상을 살아가면서 인생타령을 한다는 것입니다.

사람들은 우주의 정보를 보지 못하는 관계로 믿음이 없어졌습니다. 믿음이 없는 세상에 살다보니 모든 것이 불안하고 두렵습니다. 다시 말해, 사람들은 이 세상을 부정적인 시각으로 보게 됐다는 말입니다. 이러한 부정적 시각이야 말로 불행의 씨가 되고 있다 할 것입니다.

:: 소망과 기도, 그리고 긍정적 사고

대자연에서 일어나는 모든 사건의 정보는 이미 우리의 에너지정보 장에 잡혀 있습니다. 그 이유를 다시 설명하면, 우리 몸 밖은 전부가 우주이고 우주는 정보의 바다입니다. 주파수만 맞추면 우주의 모든 정보가 잡힙니다. 이것은 우리가 살고 있는 이 세상은 초양자로 가득 채워져 있어 하나로 연결된 경이로운 유기체이기 때문입니다.

그래도 사람들은 이러한 현상을 믿지 않으려고 합니다. 이러한 자연 현상을 모르고 산다는 것은 불행입니다. 대자연의 이치를 알고 대자연의 이치를 응용하거나 순응하며 사는 것이 중요합니다.

대우주의 법칙을 알고 그 법칙에 따라 살면, 세상을 살아가는 의미를 보다 깊이 깨닫게 되고 현재와 같은 혼란스러운 인간사회에서 살지 않아도 될 것인데, 사람들은 이렇게 간단한 자연의 법칙을 무시하고 각자 개인적인 삶에 몰두함으로써 세상을 왜곡시키고 혼란스럽게 만들어 놓은 것입니다.

종교적 의식이든 사회적 의식이든, 옛날부터 인간은 기도를 하고 제사를 지내는 행사를 해왔습니다. 해 · 달 · 거석 · 산 · 강 · 거목과 같은 대자연의 영험한 힘 앞에 무릎을 꿇고 소망을 빌어 왔습니다. 분명한 사실은 기도하는 자가 주파수를 맞추고 소망을 위해 기도했다면 기적 같은 사건이 일어났을 것이고, 그냥 건성으로 기도하거나 악한 마음으로 기도했다면 아무런 효과도 얻지 못했을 것입니다.

교회나 절에서 올리는 기도는 그냥 인간의 마음을 달래기 위한 행사가 아니라는 사실을 깨달아야만 합니다. 마음이 찝찝하니까 해보는 기도라면 기도의 주파수 없이 그냥 하는 기도가 되므로 그 어떠한 효과도 기대할 수가 없습니다. 순수하고 간절하고 진정성이 있는 기도라야만 기도의 효과를 기대할 수 있습니다.

분명한 주파수를 맞추고 기도하면 소망은 이루어집니다. 분명히 주파수만 맞추면 기도나 기원은 미신이 아닙니다. 그렇지 않고 주파수도 안 맞추고 하는 기도는 미신입니다. 진정성 없이는 그 무엇도 우주와 소통할 수 없습니다. 기도엔 반드시 순수성, 진정성, 방향성, 믿음성, 인사성이 있어야 하며, 이 다섯 가지는 빼 놓아서는 안 될 필수항목입니다.

그 소망이 건강이든 재물이든 인생문제이든 상관없습니다. 우주는 에너지정보 장으로 꽉 차있습니다. 우리의 생체에너지정보 장과 우주의 우주에너지정보 장은 서로 접촉하며 항상 정보교환을 합니다.

우주의 정보는 시공에 관계없습니다. 100억 광년 거리의 우주 반대편에서 일어난 사건도 지금 즉시 우리는 그 사건의 전체를 알 수 있습니다. 정보는 빛의 속도로 우주공간을 달리는 것이 아니라, 우주에 꽉 찬 우주에너지정보 장, 즉, 양자 얽힘 현상을 통하여 전 우주에 알려집니다.

주파수를 맞추고 기도하십시오. 그러면 그 소망은 틀림없이 이루어집니다. 소망이 이루어지면 감사를 잊지 마십시오. 우리 인간의 마음은 감사이며 우주의 마음은 사랑입니다. 우리가 감사를 하면 우주는 자꾸 사랑을 베풉니다.

만일 재물을 소망한다면, 그 재물을 구체적으로 입력하고 주파수를 맞추십시오. 그리고 생활의 설계나 일상생활을 바꾸지 않아도 됩니다. 마치 MBC 라디오 방송을 듣기 위해 MBC 채널에 주파수를 맞추고 그냥 하던 일을 계속하며 방송을 듣듯이, 소망의 주파수를 맞추어 놓고 일상생활을 하노라면, 소망의 주파수는 여러분이 맞추어 놓은 채널에 잡혀 여러분에게 달려오도록 되어 있습니다. 이것은 자연 현상이며 법칙입니다.

꼭 알아 두어야 할 것은 감사에 인색하면 우주의 사랑은 기대하기 어렵다는 점입니다. 사랑은 감사를 좋아 합니다. 왜냐하면 사랑은 감사에 자기조직화되고 감사는 사랑에 의해 자기조직화되는 상호작용을 합니다. 자기 자신 밖은 모두 우주입니다. 감사의 대상은 나 이외의 모두가 해당됩니다.

오늘날 세계경제가 어려운 이유는 풍요 속에 빈곤이라는 말이 있듯이, 사람들의 마음에 문제가 있어서 발생된 것입니다. 감사를 모르는 사람들, 사회에 불만과 부정적 시각으로 가득 찬 현대사회와 인간들의 마음이 세계경제를 혼동 속으로 몰아넣었습니다. 노사 간의 갈등, 빈부 간의 갈등, 부정부패, 서로 원망 등등, 온갖 부정적인 사고로 가득한 세상이 되어 혼란은 극에 달했습니다.

뉴딜정책이든 창조경제든 어느 경제정책도 묘약이 아닙니다. 오늘날 세계경제의 난국을 타개하기 위한 유일한 방법은, 모든 사람이 즉시 감사하는 마음으로 돌아가는 것입니다.

부모에게 감사하면 효도가 되고, 형제간에 감사하면 우애가 되고, 친구 간에 감사하면 우정이 되고, 국가에 감사하면 애국이 되고, 직장에 감사하면 애사가 되듯이, 이렇게 사회가 감사로 상호작용하면 막힌 경제도 저절로 풀어져서 잘 돌아 갈 것입니다.

제5의 힘이라고까지 말하는 스핀 장(torsion field)은 회전체에서 발생하는 힘으로 주위의 에너지와 상호 작용을 하는 특성을 가지고 있으며, 좌파와 우파로 구분되어 왼쪽으로 회전하는 필드는 인체에 매우 부정적인 영향을, 오른쪽으로 회전하는 필드는 인체에 매우 긍정적인 영향을 미치는 것으로 밝혀졌습니다.

또한 외부에서 가해지는 유익한 파장과 만나면 부정적인 원인이 되는 필드와 상호작용을 하면서, 그것들을 파괴하여 부정적인 회전 작용에서 벗어나 인체의 생체계와 면역체계를 보호하는 에너지로 변환하게 합니다.

스핀 장은 자신의 작용력을 주위에 기억시키는 효과를 가지고 있습니다. 이러한 특징들을 이용하여 특정물질에 인체에 유익한 스핀 장을 지속적으로 방사하면, 해당 물질에는 유익한 에너지파가 기억되고 자기발진 상태에 이르게 되며, 외부에서 방사되던 스핀 장의 영향력이 없어진 후에도 지속적으로 유익한 스핀 장을 방출하게 됩니다.

나비효과라는 이론이 있습니다. 비록 나비의 날개 짓이 보잘 것 없지만, 그 작은 바람이 또 다른 바람을 일으키고, 또 그 바람이 다음 바람을 일으키면서 자꾸 커져서 결국에는 태풍을 일으킨다는 이론입니다.

🌴 오아시스 🐫 나비효과 :

미국의 기상학자 에드워드 로렌츠가 발표한 이론으로. 그는 컴퓨터 시뮬레이션을 통하여 초기의 미세한 차이가 시간이 지남에 따라 점점 커져서 나중에는 엄청난 차이가 난다는 사실을 밝혀냈습니다. 다시 말해. 브라질에서 작은 나비의 날

갯짓이 미국 텍사스에서는 엄청난 토네이도로 발전할 수 있다는 것입니다. 이 이론은 나중에 카오스(chaos) 이론으로 발전하게 됩니다.^^

긍정적인 사고는 또 다른 긍정적인 사고를 불러일으키고, 그 긍정적인 사고는 또 다른 긍정적인 사고를 불러일으켜, 결국 거대한 긍정적 사고에 도달하여 어떠한 큰 소망도 얻어낼 수 있습니다.

어떤 일을 잘되네, 잘되네, 하면서 긍정적으로 사고하면서 일을 하다 보면, 어느새 크게 성공을 거둔 상태에 도달해 있게 됩니다. 또 한 예로, 어린아이를 잘 한다고 자꾸 칭찬해주면 그 어린아이는 점점 잘하고 나중엔 정말 훌륭한 아이로 성장합니다. 긍정적 교육의 힘이 이렇게 큰 것입니다.

반대로 부정적인 사고는 또 다른 부정적인 사고를 부르고, 그 부정적인 사고는 또 다른 부정적인 사고를 불러, 결국 거대한 부정적인 사고 속에서 헤어나지 못하는 결과를 가져옵니다. 어떤 일을 안 되네, 안 되네, 하면서 부정적인 사고로 일을 하다 보면, 결국 불행이 불행을 불러들여 불행의 수렁에 빠져 그 일을 망치게 합니다.

스핀 장은 긍정적인 우파와 부정적인 좌파로 구분된다고 했으니, 모든 것을 긍정적으로 생각하고 우파를 크게 키워 행복한 삶을 불러들여야만 하겠습니다. 여기서 우파와 좌파를 다시 한 번 요약하면, 우파는 시계방향으로 도는 파장으로 사랑 · 감사 · 행복 · 기쁨 · 봉사 · 천사 · 양기 · 게르마늄 · 원적외선 등등이 있고, 좌파는 시계반대방향으로 도는 파장으로 미움 원한 불행 복수 악마 음기 수맥파 지자기파 감마선 엑스선 유해전파 등등이 있습니다.

스핀 장의 특성을 이용하면 주변에서 방출하는 유해파를 막을 수 있습니다.

긍정적 사고 없이는 어떠한 행복도 오래 가질 수 없는 것이 자연의 법칙입니다. 우리의 뇌는 천성이 게으로고 바보스럽습니다. 그래서 하던 일만 계속하려고 하며 새로운 일을 기피하려는 속성이 있습니다. 또 실제로 추워도 덥다고 암시를 주면 더운 것으로 믿고 땀을 흘리게 됩니다.

우리는 이러한 뇌의 바보스런 특성을 이용하여 질병치료를 할 수 있습니다. 암환자에게 좋아졌다는 강한 암시를 주면 뇌는 좋아진 것으로 믿고 마치 건강한 사람인양 행동하면서 서서히 종양을 사라지게 합니다. 이러한 암시를 세포암시라 하며 세포는 의식을 따라 진화됩니다.

우리 뇌에게 긍정적 암시를 주면 처음엔 거부하다가 한번 긍정적 사고로 작동하게 되면 계속 긍정적 사고로 진행하게 됩니다. 우리의 뇌를 착하다고 자꾸 암시를 주면 나중엔 자기가 진짜 착한 줄 알고 착한 행동만 합니다. 다시 말해, 우리의 뇌를 강제적이지만 한번 긍정적인 우파로 사고하도록 해 놓으면 인생의 방향이 달라진다는 말입니다.

제2장

우주의 역사

나는 지금 내가 살고 있는 도시를 떠나 텅 빈 고향 마을에서 별빛 가득한 밤하늘을 바라보며 명상에 잠겨있습니다. 지구라는 조각배의 갑판위에 앉아 광활한 우주벌판을 바라봅니다. 별들을 바라볼 때마다 아득한 그리움과 한없는 동경에 사로잡힙니다. 내가 누구이며 어디서 와서 어디로 가는지, 이 세상은 도대체 어떻게 생겼으며 어떤 원리로 운행되는지, 수많은 의문을 던지며 나의 명상은 깊어만 갑니다.

우리가 살고 있는 우주를 모르고는 그 어떠한 깨달음도 말할 수 없습니다. 먼저 우주를 알고 나를 돌아봄으로써 세상을 바라보는 올바른 시각이 생깁니다. 우리가 그 어떤 진리를 찾기 위해서는 꼭 우리가 살고 있는 세상의 역사를 알아야한다고 생각하기에 장황하게 우주론을 이야기하는 까닭입니다.

우리는 어디서 왔는가? 그 답을 얻기 위해 우주탄생 순간까지 거슬러 올라가 봅시다.

:: 우주의 씨(Seed)

① 허수시간 : 무(無)

지금부터 우주의 탄생에서부터 인류의 탄생까지 장대한 역정의 드라마를 추적해보겠습니다. 이 세상이 탄생하기 이전인 137억 년 전으로 돌아가 봅니다. 시간도 없고, 공간도 없고, 물질도 없는 무의 상태입니다. 무의 상태는 우주탄생 이전의 세상이므로 우리는 그 어떤 상상으로도 무의 상태를 설명할 수 없습니다. 알 수 없는 상태, 이것이야말로 우주의 전생입니다.

양자물리학에서는 에너지가 중첩된 요동의 무를 우주의 전생으로 설정해 놓았습니다. 어쨌든 우주의 전생은 우리의 그 어떠한 상상도 불허하는 특이점, 즉, 우주의 씨가 생겨난 꼭지 점 이전의 상태입니다.

② 허수시간 0초 : 우주의 씨 탄생

무(無)에서 갑자기 우주의 씨(seed)가 생겼습니다. 이 우주의 씨는 크기가 10^{-30}cm정도로 물질의 최소단위 원자의 크기 10^{-8}cm와 비교해도 엄청나게 작다는 것을 알 수 있습니다. 계산해보면 원자가 우주의 씨보다 10^{22}배 더 크다는 것입니다. 우주의 씨가 공룡 알만하다고 말해도 기가 찰 노릇인데 겨자씨의 10억조 분지 1도 안 되는 크기라니 정말 할 말이 없습니다.

그러나 이 엄청나게 작은 우주의 씨지만 거기에는 발아 후 전개될 모든 프로그램인 무한대한 우주의 진화정보, 우주의 운영체계, 우주의 형상, 우주의 구성원. 우주의 성격 등의 상세정보를 내재하고 있습니다.

이 프로그램은 136.998억년 후 인류의 탄생프로그램도 가지고 있습니다. 10^{-30}cm의 이 극미한 우주의 씨는 엔트로피 제로의 절대 정리정돈상태입니다. 갑자기 우주의 씨가 생긴 그 순간을 특이점이라고 합니다. 우주의 씨는 생성 후 즉시 발아(發芽)하여 성장과 진화를 위한 팽창의 소용돌이로 들어갑니다.

③ 허수시간 10^{-43}초 : 인플레이션우주, 순간온도 10^{27}k

10^{-44}초에 중력이 분화되어 나오면서 우주 순간온도는 10^{27}k가 되고 10^{-43}초가 지나자 10만분지1의 공간온도 차이로 인플레이션이 일어납니다. 찰나의 순간 동안에 인플레이션으로 우주의 씨는 10^{100}배로 급팽창합니다.

즉, 10^{-30}cm의 우주의 씨가 10^{-30}cm x 10^{100} =10^{70}cm의 크기로 팽창됩니다.

10^{70}cm의 크기는 얼마나 클까요? 10^{70}cm=10^{65}km=1조×1조×1조×1조×1조×10만km의 크기입니다. 이렇게 우주의 씨가 갑자

기 급팽창한 순간을 '인플레이션 우주시대' 라고 합니다.

인플레이션으로 인하여 높은 에너지 상태의 가짜 진공이 낮은 에너지 상태의 일반적 진공으로 바뀌어가는 공간상전이를 일으킵니다. 이 공간상전이로 인하여 에너지가 방출됩니다. 이 열에너지의 해방이 바로 빅뱅입니다.

여기서 상전이(相轉移)란 무엇이냐 하면, 온도의 변화에 의해 얼음이 물이 되거나 물이 수증기로 되거나 하는 것을 말합니다. 우주 공간에서도 매우 고온이 되어 다수의 입자가 탄생하면서 요동의 성질이 갑자기 바뀝니다. 이것을 공간상전이라고 합니다. 빅뱅 이후 오늘날까지 이러한 공간상전이가 여러 차례 일어남으로 해서 공간의 성질도 여러 번 바뀌고 힘의 전달 모습도 여러 번 바뀌었습니다.

:: 빅뱅 및 우주탄생이라는 대 사건

빅뱅은 우주의 씨가 에너지로 현현된 첫 단계이며 우주탄생이라는 대사건입니다. 빅뱅이 일어나기까지는 갑자기 우주의 씨가 생긴 이후 10^{-36}초가 걸렸으며, 이 10^{-36}초 동안을 '스티븐 호킹의 허수시간' 이라고 합니다. 0초에서 10^{-36}초 동안의 허수시간이 경과하면서 초고온 초고밀의 인플레이션 우주가 대폭발을 하게 됩니다. 이 숨막히는 순간이 바로 우주탄생인 빅뱅의 순간입니다. 그리고 이 순간부터 우주는 실수의 시간이 흐르기 시작합니다.

영국의 물리학자 스티븐 호킹은 우주의 씨가 무에서 갑자기 생겨 도토리처럼 뾰족한 모양을 함으로써 시간의 방향만 있고 공간의 방향이 없는 특이점은 모순이 있다고 보았습니다. 이런 모순을 제거하기 위해 스티븐 호킹은 허수시간을 도입하여 0초의 우주의 씨 생성부터 10^{-36}초의 빅뱅까지를 허수시간으로 정하고 빅뱅 이후를 실수시간이라고 했습니다.

🌴 오아시스 🐪 우주의 씨 :

우주의 씨는 앞으로 전개되는 모든 생물의 탄생모델이 됩니다. 즉, 모든 만물은 씨에서 출발합니다. 우주의 씨(수정 난) → 인플레이션(자궁) → 빅뱅(탄생) → 진화 → 성장의 순서로 존재합니다. 모든 씨는 진화와 분화의 프로그램을 내재하고 있는 에너지정보체입니다.^^

④ 실수시간10^{-36}초 : 빅뱅과 입자 · 반입자 생성, 순간 온도10^{21}k

10^{-36}초에 빅뱅으로 초고온 초고밀의 상태에서 두 번째로 세상에 나타난 것이 입자와 반입자입니다. 입자와 반입자는 쌍으로 생성되고 쌍으로 소멸됩니다. 초고온 초고압 상태에서 폭발한 빅뱅 당시 입자와 반입자가 순간적이지만 따로 따로 존재하다가 공간의 팽창으로 즉시 쌍소멸에 의해 강렬한 빛을 발산합니다.

순간 온도10^{21}k가 되자 공간상전이가 일어납니다. 이로 인하여 대칭성이 깨져 생성된 입자와 반입자가 우주를 존재할 수 있게 합니다. 즉, 입자 10억 개당+1개, 반입자 10억 개당+0개로 생성되어

입자 10억 개와 반입자 10억 개는 서로 만나 쌍소멸로 빛이 되고, 10억 개당 1개의 입자가 남아 우주의 물질을 만들어갑니다. 현재 반입자는 입자가속기 실험실 속에서만 존재할 뿐 우주엔 쌍소멸로 사라졌습니다.

이 입자와 반입자는 에너지와 물질의 중간 단계로 볼 수 있습니다. 초고온 초고밀의 에너지 혹은 물질상태라고 보면 됩니다.

갑자기 생성된 우주의 씨가 순식간에 인플레이션이 일어나고 대폭발이 일어나 우주가 시작되지만, 그 최초의 바탕은 하나의 에너지로 출발했으므로 아무리 복잡하게 우주가 분화되고 진화되더라도 근본은 에너지라는 질료 하나이며 상호통일되어 있습니다.

분화되기 이전의 우주의 씨는 힘과 에너지가 하나였습니다. 이 말은 우주만물은 하나의 바탕이며 분리할 수 없는 전일성을 지닌 홀로그램 모형이라는 이야기입니다.

여기에서 잠시 우주배경복사에 대하여 짚고 넘어가야 하겠습니다. 우주배경복사는 빅뱅의 화석입니다. 137억 년 전 빅뱅이 사실이라면 그때의 빅뱅의 여열 또는 어떤 흔적이 마이크로파 배경복사의 형태로 이 우주에 남아 있을 것이라고 1948년 빅뱅우주론자인 조지 가모브가 예견했습니다.

그 후 1965년 펜지어스와 윌슨이라는 두 명의 젊은 과학자가 뉴저지에 있는 라디오 망원경을 사용하려고 고성능 위성안테나를 제작했습니다. 이 위성안테나를 시험하는 중 이상한 잡음을 포착하여 연구한 결과, 이 잡음이 우주배경복사, 다시말해, 빅뱅의 화석임이 판명되었습니다.

이 발견으로 두 사람은 1967년 노벨물리학상을 받았습니다. 이 우주배경복사(마이크로파)의 발견으로 우주탄생과 우주연대를 일 순간에 알게 된 것입니다. 지금도 우리가 TV방송이 끝난 뒤 지지직 거리는 화면의 노이즈를 보는데 그 중 1%가 우주배경복사입니다. 우리는 안방에서 137억 년 전 빅뱅의 화석을 보고 있는 셈입니다.

🌴 오아시스 🐫 절대 온도0k :

k는 절대온도의 단위로 0k =−273℃입니다. 0k는 열이 하나도 없는 열적 죽음 의 상태로 원자나 분자의 모든 운동이 정지한 상태입니다. 따라서 현재 온도 3k라 면 섭씨 영하 270도입니다.

0k=−273℃는 실험적으로는 어떠한 방법으로도 도달할 수 없는 한계 저온입 니다. 광활한 우주공간은 −270℃입니다.^^

🌴 오아시스 🐫 초전도체 :

빛이 차가운 우주 공간에서 에너지를 잃지 않고 이동할 수 있는 까닭은 무엇일 까요?

우주 공간의 온도는 대략 −270℃(3k)라고 합니다. 이것은 우주가 거대한 초전 도체라는 뜻입니다. 초전도 상태에 있는 우주 공간의 공간씨들은 인력과 척력이 같은 확산점 상태에 있고 빛은 우주 공간에서 파괴되지 않는 작은 시스템이기 때 문에 빛으로부터 받은 에너지를 흡수하지 않고 모두 돌려주게 됩니다. 따라서 빛 은 우주 공간 속에서 힘을 잃지 않고 직진 운동을 합니다. 이것은 초전도 상태에 서 전기 저항이 없어지는 것과 같습니다.^^

⑤ 실수시간10^{-35}초 : 쿼크와 전자의 생성,
   순간온도 10^{15}k

여기서 대폭발로 생성된 입자와 반입자는 공간의 팽창으로 온도가 급속히 내려갑니다. 우주의 순간온도 10^{15}k에서 강력(핵력)이 분화되어 나오고, 이 강력에 의해 모든 입자와 반입자는 쌍소멸 되고 남은 입자는 세 번째 물질인 전자와 쿼크로 변환됩니다.

우주의 씨가 갑자기 생긴 이후 이때가 우주의 씨 생성 후 10^{-35}초쯤 됩니다. 이 전자와 쿼크는 우주만물의 생성 기본질료이며 에너지정보 장입니다. 최초 발생한 우주의 씨가 가진 모든 정보를 이 소립자들이 가지고 있으며 우주의 의식이 여기서 출발했다고 볼 수 있습니다.

쿼크는 up, down, charm, strange, bottom, top의 여섯 종이 있다고 이미 설명하였는데 빨강 · 노랑 · 파랑의 3원색으로 내부구조가 되어있습니다. 여기서 오해를 피하기 위해 보충설명을 하면, 3원색은 실재의 칼라가 아닌 쿼크의 내부구조의 상징적 명칭임을 밝혀둡니다.

전자와 쿼크는 우주의 씨가 가진 에너지와 정보를 내재하고 있으므로 우주 만물의 기본 질료이며 의식체입니다. 전자와 쿼크는 우주진화의 프로그램을 가지고 중첩에 의해 대우주를 생성해 갑니다.

전자와 쿼크는 에너지정보체, 즉, 의식체이므로 이들의 중첩으로 물질과 의식이 동시에 진화됩니다. 그러므로 만물은 의식을 내재하고 태어납니다.

전자는 마이너스 전하를 띤 입자이며 쿼크는 플러스 전하를 띤 입자입니다. 다시말해, 전자는 여성(음)이고 쿼크는 남성(양)입니다. 태극에서 음양이 분화되듯 빅뱅 초기엔 우주의 씨에서 음의 전자와 양의 쿼크가 분화되었습니다.

그리고 빅뱅으로 인한 초고온 초고밀의 우주공간 속에서 어떠한 화학적 결합도 할 수 없는 상태이므로 전자와 쿼크는 아직 성숙하지 못한 이성체로 뿔뿔이 흩어져 자유분방하게 날아다닙니다. 그래서 우주는 맑지 못하고 안개처럼 뿌연 상태로 흐렸습니다. 그리고 10^{-12}초쯤에 공간의 온도확산으로 전자기력과 약력이 분화되어 나옵니다.

⑥ 실수시간 10^{-3}초 : 양성자와 중성자의 생성, 순간온도 10^{12}k

우주의 씨가 생성된 후 10^{-3}초가 지나자 급팽창을 거듭하는 우주공간은 열이 분산되어 온도가 1조k도까지 내려갑니다. 온도가 내려가자 쿼크들이 이합집산을 하며 화학반응을 일으킵니다. 그 결과 우주엔 네 번째의 물질인 양성자와 중성자가 생성됩니다. 즉, 2u쿼크+1d쿼크=양성자, 2d쿼크+1u쿼크=중성자로 변환됩니다.

이렇게 쿼크가 중성자와 양성자로 진화되면서 강력(핵력)이란 힘이 분화되어 나옵니다. 이에 따라 모든 쿼크는 양성자나 중성자로 결빙되고, 우주는 전자 · 양성자 · 중성자로 가득하며 안개처럼 흐린 상태가 지속됩니다. 이 순간의 우주는 음성 · 양성 · 중성의 3

가지 이성체로 구성되었습니다.

그림물감에서는 삼원색으로 빨강·노랑·파랑이, 빛에서는 삼원색으로 빨강·초록·파랑이 있습니다. 이 세 가지 색의 중첩으로 삼라만상의 색을 다 표현할 수 있습니다. 이와 같이 대우주도 전자·중성자·양성자 이 세 개의 양자로 우주만물이 생성되었습니다. 참으로 절묘한 자연의 법칙에 경탄을 하지 않을 수가 없습니다.

⑦ 빅뱅 3분 원자핵 생성, 순간온도 $10^9 k$

우주의 씨가 생성된 후 3분이 지나면서 우주의 온도는 10억k도까지 내려가고, 중성자와 양성자가 활발하게 결합되어 다섯 번째 물질인 원자핵이 생성됩니다. 원자핵 중 가장 단순한 수소원자핵이 먼저 생성됩니다. 한 개의 양성자가 단독으로 수소원자핵이 됩니다. 그 다음에 한 개의 양성자와 한 개의 중성자가 결합되어 중수소원자핵이 되고, 두 개의 양성자와 두 개의 중성자가 결합되어 헬륨원자핵이 됩니다.

결국 우주엔 무수한 전자와 수소원자핵과 헬륨원자핵이 75:25의 비율로 안개처럼 산재됩니다. 수소나 헬륨은 가벼운 원소입니다. 초기우주엔 이처럼 단순하고 가벼운 원소만 생성되었습니다.

전자·양성자·중성자 이 세 가지 소립자가 우주 전체를 안개처럼 뿌옇게 뒤덮었습니다. 이때 우주의 기본입자가 형성됩니다. 우주의 기본 입자가 생성되면서 태초에 하나였던 힘이 여러 개로 분화되어 나옵니다. 다시 말해 빅뱅초기에 하나였던 힘이 네 개의 힘으로 분화됩니다. 10^{-43}초에 중력, 10^{-35}초에 강력, 10^{-12}초에 전자기력과 약력, 10^{-6}초에 하드론입자(양성자 · 중성자), 3분이 지나면서 수소와 헬륨의 원자핵이 합성됩니다.

우주를 구성하는 입자를 두 종으로 분류할 수 있습니다. 페르미온과 보존입니다. 페르미온은 쿼크와 전자로 우주의 기본 질료이며, 보존은 페르미온을 서로 붙여 물질이 되게 하는 아교 역할을 하는 입자입니다. 보존 입자에 의하여 페르미온이 결합하는 양상에 따라 우리는 중력 · 강력 · 전자기력 · 약력으로 분류합니다. 이 네 가지 힘은 빅뱅으로 인하여 생성된 입자들이 분화, 혹은 결합 과정에서 나타난 것입니다.

🌴 오아시스 🐫 우주구성입자 :

우주구성입자는 u쿼크, d쿼크, 전자, 중성미자이며, 또 중성미자는 전자형, 뮤형, 타우형의 세 가지가 있습니다. 이 세 가지 중성미자는 원자핵의 붕괴에 따라 전자와 함께 나오는 중성미자(전자형)와 중간자의 붕괴에 따라 입자와 함께 나오는 중성미자(뮤형) 그리고 아직 검출하지 못한 중성미자(타우형)로 구분됩니다.

이러한 중성미자는 우주론적으로 매우 중요하게 이용됩니다. 그 이유는, 중성미자망원경으로 별의 내부를 관측할 수 있기 때문입니다. 이미 관측된 마젤란성운 초신성의 온도가 5×10^{14}C도(500兆度)로 이론상으로 예측한 값과 일치했기 때문입니다.

그러나 보다 중요한 것은 중성미자망원경으로 우주탄생 1초 후에 발생한 중성미자를 검출할 수 있으리라는 기대입니다. 중성미자망원경이 개량되면 언젠가 태초의 영상을 볼 수 있을 것이라는 생각에서 중성미자천문학은 앞으로도 계속 각광을 받을 것이라 기대됩니다. 초신성을 검출한 일본 가미오카(神岡)지방의 중성미자망원경은 1,500m지하의 폐광 속에 설치되어 있습니다.

이곳에서는 지구의 지층을 꿰뚫고 지구 반대편의 태양을 사진으로 찍습니다. 태양이 핵융합 할 때 중심부에서 방출된 중성미자는 태양과 지구를 뚫고 가미오카의 망원경에서 검출되는 것입니다.^^

⑧ 빅뱅 38만년 : 우주 맑게 갬과 원자 탄생, 배경복사 3,000k

38만년이 지나자 우주의 온도는 3,000k도 까지 내려가고 뿌연 우주가 맑게 개이기 시작합니다. 뿔뿔이 흩어져 날아다니던 전자가 수소나 헬륨의 원자핵에 의해 포획됩니다. 전자가 원자핵에 포획됨으로 해서 여섯 번째 물질인 원자가 탄생됩니다.

그동안 빛을 뿌옇게 산란시키던 전자가 핵에 포획되자 우주는 맑고 투명하게 개이기 시작합니다. 투명한 우주는 수소원자와 헬륨원자의 먼지와 가스로 구름을 이루었고 이 구름들이 중력에 의해 소용돌이로 일곱 번째 물질인 원시별들을 생성합니다.

1920년대까지만 해도 인간들은 우리은하가 우주의 전부라고 여겼습니다. 허블이 세페이드형 변광성을 이용하여 안드로메다 대성운이 또 다른 은하임을 발표하고, 우주엔 무수한 은하들이 있으며 우리은하는 그중 하나라는 것을 사실화 했습니다. 또 지구에서 먼 은하일수록 빨리 멀어져간다는 점을 들어 우주는 계속 팽창하고 있다는 주장을 했습니다.

역으로 우주의 연대를 거슬러 올라가면 우주는 점점 수축되고 빅뱅의 순간을 거쳐 우주의 씨에 귀착되며 곧 무로 사라진다는 가정을 하였습니다. 현재 팽창우주의 진행 상태를 근거로 컴퓨터로 계산하면 우주의 씨는 10^{-30}cm입니다.

🌴 오아시스 🐫 WMAP :

2001년 발사된 우주배경복사탐사선(WMAP)이 수집한 자료를 분석한 결과 "우주는 137억 년 전에 대폭발이 있었고 수천억 조분의 1초도 안 되는 짧은 시간에 엄청난 팽창을 일으켰다"는 결론을 얻었습니다. WMAP은 윌킨슨 우주배경복사 비등방성 탐사(Wilkinson Microwave Anisotropy Probe)를 줄여 부르는 말로, 인공위성에 탑재된 정밀한 계측기를 통해 우주의 태초의 모습을 알아내고, 우주 배경 복사를 통해 우주의 신비를 밝혀내는 가장 강력한 실험중 하나입니다.^^

:: 초신성 폭발과 은하 탄생

⑨ 빅뱅 4억년 : 원시별과 원시은하 탄생

빅뱅 후 4억년이 지나자 급속한 팽창을 계속하는 우주공간엔 수많은 소용돌이가 일어나고 수많은 원시별들이 태어났다가 사라집니다. 원시별들이 생성되고 폭발하고 사라지며 우주는 혼돈상태가 계속됩니다.

원시별들이 생성되어 중력에 의하여 중심부가 초열지옥같이 타면서 핵융합반응이 일어납니다. 수소와 헬륨이 핵융합반응을 일으키면서 수많은 원소를 만들어냅니다. 그리고 원시별들은 초신성폭발을 하면서 이 수많은 원소들을 우주공간에 방출합니다.

이렇게 오랜 시간을 두고 초신성폭발이 거듭되면서 우주는 생명의 탄생을 위한 기본 원소를 생성해 나갑니다. 초고온으로 불타는 항성들은 수소나 헬륨을 가지고 다양한 원소를 요리하는 부엌이라고 말할 수 있습니다.

빅뱅 후 38만년에서 10억 년경까지 수많은 초신성 폭발로 별들이 죽어 우주공간에 흩어져 어둠 속으로 사라집니다. 그리하여 우주는 10억년 동안 암흑천지가 됩니다. 별은 빛나고 있을 때 폭발하고 죽을 때 에너지를 방출합니다. 초신성이 죽으면서 폭발로 방출된 에너지파가 우주배경복사망원경에 의하여 잡히고 있으며, 이 전파망원경의 분석으로 암흑기 은하탄생의 비밀을 알아냅니다.

수많은 초신성이 폭발한 우주공간에서 미지의 암흑물질이 중력으로 수축해 무수한 암흑헤일로가 형성됩니다. 암흑헤일로 중심부의 중력에 의해 가스가 모여 별의 집단이 탄생하게 되며, 이것이 여덟 번째 물질인 원시은하가 됩니다. 또 시간이 지나면서 암흑헤일로끼리 충돌과 합체를 되풀이하고, 이러한 과정에서 다양한 은하가 탄생합니다.

원시은하가 우주공간에서 생성과 소멸을 거듭하다가 빅뱅 이후 10억년 때부터 안정된 은하로 탄생됩니다. 우주에는 수천억 개의 항성과 성간(星間) 가스나 성운진(星雲塵)으로 이루어진 은하가 평균 200만 광년(1광년은 9조 4,600억㎞)의 거리를 두고 존재합니다. 그 가운데 하나가 우리은하입니다.

🌴 오아시스 🐫 암흑헤일로(후광halo) :

암흑 물질의 본성은 아무도 모르지만, 우주 전체 질량의 82%를 차지하고 있습니다. 결과적으로 우주 구조의 진화는 암흑 물질의 중력 상호 작용에 의해 이루어지고 있는 셈입니다.

기체와 별들을 형성하는 보통 물질이 암흑 물질 덩어리로 형성된 중력 우물 속에 빠지면서 암흑 물질 헤일로의 중심부에 은하계들이 탄생하게 되는 것입니다. 처음에는 대폭발 직후에 나타난 약간의 밀도 요동에 중력이 작용해 최초의 암흑 물질 덩어리가 모입니다. 이것이 더 작은 초기 덩어리들과 결합해 점점 더 큰 덩어리로 성장합니다.^^

⑩ 빅뱅 17억년 : 우리은하 탄생

빅뱅 17억년 후 비로서 수많은 원시별들의 탄생과 죽음이 거듭된 곳에서 우리은하가 찬란한 모습으로 탄생합니다. 2,000억 개의 별을 거느리고 다섯 개의 날개를 가진 나선형의 은하가 바로 우리은하입니다. 우리은하는 지름이 약 10만 광년, 두께는 중심부가 1만 5,000광년, 끝에서는 수천 광년이라는 원반모양을 이루고 은하계의 바깥쪽은 나선(螺旋)팔로 되어 있습니다.

태양은 은하계 중심에서 2만4천8백 광년 떨어져 있고 나선팔의 한 중심에 있습니다. 우리은하는 전체로서 회전하며 태양의 위치에서는 초속 220㎞의 속도로 회전하고 있습니다.

우리은하의 중심부에는 오래된 별들이 밀집해 타원 구체의 벌지(Bulge 돌출된 부분)를 형성하고 있습니다. 우리가 밤하늘을 바라볼 때 유난히 굵은 부분이 바로 벌지 부분입니다.

우리 은하의 중심부는 아주 아름다운 추상화 같습니다. 우리은하 중심 구역은 가스와 먼지 기둥들이 경이로운 형태를 취하며 퍼져 있습니다. 우리 은하는 뜨거운 별에서 뿜어져 나오는 폭풍, 초신성 폭발, 별 생성 과정에서 일어나는 충격 등에 의해 그 모습이 형성되었습니다.

소용돌이 모양의 팔에서는 아직도 새로운 별이 계속 태어나고 있습니다. 우리가 바라보면서 숱한 전설의 꽃을 피우는 별자리들, 오리온성운, 플레이아데스성단 등, 밤하늘에 친숙한 천체들은 소용돌이 모양의 팔에 있습니다.

우리 지구가 있는 태양계는 소용돌이 모양 팔의 우리은하 중심 쪽의 가장자리에 있습니다. 우리은하를 에워싼 듯 분포한 것들이 구상성단입니다. 구상성단은 우리은하가 생성될 때 같이 생성된 오래된 별들입니다.

우리가 어린 시절 멍석에 누워서 바라봤던 은하수가 바로 우리은하입니다. 저 아득한 밤하늘의 은하수와 우리가 무슨 관계가 있을까 하고 생각했지만, 저 은하의 존재야말로 우리의 탄생의 결정적 배경을 만들어 주었습니다. 그것도 간접적 배경이 아니라 직접적 배경으로 말입니다.

우리가 탄생하기까지 수많은 별들이 초신성폭발을 하며 장렬한 죽음을 맞이했습니다. 저 수많은 별들이 핵융합반응으로 만든 원소들로 우리 몸은 구성됐으며, 우리 몸속의 60조개의 세포 하나하나엔 저 은하로부터 받은 원소들로 반짝이고 있습니다.

지금 우주공간엔 1,000억 개 이상의 은하가 있으며 각 은하는 평균 1,000억 개의 별들을 거느리고 있습니다. 은하들은 둥근 모양, 소용돌이 모양, 나선형, 막대형과 같은 여러 가지 모형을 합니다. 허블은 1923년 소리굽쇠 도표를 만들어 이러한 다양한 형태의 은하들을 분류했습니다.

별은 영원히 빛나는 것이 아닙니다. 지금까지 137억년의 우주역사를 지나오면서 수많은 별들이 생성되고 소멸되었습니다. 별의 수명은 무게에 따라 다릅니다. 대체로 태양과 같은 정도의 무게가 있는 별은 100억년 정도로 비교적 장수를 하고, 태양보다 훨씬 무거운 별들은 1,000만년 정도 이하의 수명을 가집니다.

우주 탄생초기에 생성된 별들은 수소나 헬륨과 같은 가벼운 원소로 이루어 졌으며, 이러한 수소나 헬륨의 원소들은 별 내부에서 핵융합 반응이 일어나 다른 원소를 만듭니다. 수소와 수소가 결합해서 헬륨을 만들고 헬륨은 또 탄소를 만들고 이렇게 해서 산소 · 네온 · 마그네슘 · 황 · 칼슘 · 철 등의 무거운 원소를 만들어 나갑니다.

별들이 핵융합반응을 일으키며 무거운 원소를 만들며 중력을 키우다가 스스로의 중력을 지탱하지 못하고 폭발을 합니다. 이것이 초신성폭발입니다. 초신성 폭발로 새로 융합된 원소들이 우주공간에 방출되었다가 다시 그 가스들이 모여 별이 됩니다. 이렇게 초신성 폭발을 거듭하면서 많은 원소가 생겨나고 수많은 별들이 생성과 소멸을 거듭한 자리에 태양계의 별이 탄생합니다.

:: 태양계 형성

⑪ 빅뱅 91억년 : 태양계의 생성

빅뱅 후 91억년이 지났습니다. 우리은하의 중심부에서 2만4천8백 광년 떨어진 거리에 수소가스 구름이 서서히 소용돌이를 치며 주변의 가스구름이나 먼지를 빨아들이기 시작합니다. 초기 초신성(超新星) 등의 폭발로 우주 공간으로 방출된 가스나 먼지가 은하계를 도는 동안에 밀도의 차가 생기고, 진한 가스는 인력(引力)작용에 의하여 점점 더 큰 가스구름으로 변하게 됩니다. 이렇게 해서 원시태양이 생성됩니다.

이들은 자신의 인력으로 수축하기 시작하면서 가스운의 회전속도가 빨라집니다. 가스 운은 원심력의 작용으로 얇은 원반모양이 됩니다. 회전 원반의 중심부에서는 밀도가 높은 가스가 수축하여 가스가 가지고 있는 중력에너지가 열에너지로 바뀌고 중심부를 뜨겁게 합니다.

가스 운이 투명에 가깝고 밀도가 낮은 기간에는 열이 달아나지만, 가스밀도가 높아지면 중심부에 열이 모여, 이윽고 1,000만k도를 넘는 고온이 되면 수소의 원자핵이 서로 충돌하여 핵융합반응을 일으킵니다. 이 핵융합반응이 시작되어 스스로 빛나게 되면 중심부의 압력은 상승하고 가스운의 수축은 멈추게 됩니다.

갓 생겨난 태양은 폭발현상이 수없이 일어나고 태양풍이 강하게 붑니다. 자전속도도 생성된 지 약 5억 년 후까지는 현재(적도면의 자전 25일9시간7분13초에 1회전)의 3배에 해당하는 8.46일에 1회전을 하였으며, 자전이 빠르므로 발전기작용이 일어나 강한 자기장을 형성하였고, 이 자기장의 에너지가 더 강한 활동현상을 일으킵니다.

초기의 태양풍은 대단히 강하여 태양의 각운동량(角運動量)을 빼앗았고 이 때문에 자전속도가 차츰 줄어져 현재와 같은 상태로 안정되기에 이릅니다.

태양은 지구의 공전 방향인 시계반대방향과 동일한 방향으로 자전하고 있는데, 지구와 같은 강체(剛體)회전과는 달리 적도에 가까울수록 그 극역(極域)보다 빨리 회전하고 있습니다. 이 회전현상을 미분회전 또는 적도가속이라고 합니다. 지구와 마찬가지로 자전축과 태양 표면의 교차점을 북극 · 남극이라고 하며 북위 90°, 남위 90°로 합니다. 적도로부터의 위도는 일면(日面) 위도라고 합니다.

태양계가 은하계를 시계반대방향으로 공전하는 데에 2억2천6백만 년이 걸리며, 태양계의 나이로 봤을 때 지금까지 20번쯤 공전했습니다. 태양은 은하 내에서 헤라클레스자리 근처의 거문고자리 1등성인 직녀성을 향해 초속 220km, 은하 중심으로부터 60도의 각도로 비스듬히 공전 중이며, 한번 공전할 때마다 평균 2.7회 정도 주기적으로 은하 원반 내에서 상하운동을 하고 있습니다.

태양은 커다란 수소가스덩어리이며, 그 에너지는 수소의 원자핵끼리 결합하여 헬륨원자로 변하는 핵융합반응으로 만들어집니다.

그 크기는 연간 약 $1.0 \times 10J(5.6 \times 10cal \cdot in)$이며, 현재 전 세계

에너지수요의 약 60조 배에 상당하는 막대한 에너지입니다. 이 가운데 1/22억이 복사의 형태로 지구에 보내지며, 이것만으로도 전 세계 에너지수요의 3만 배가 됩니다. 다시 말해, 15~20분 동안의 태양에너지로 세계의 에너지가 공급되는 셈입니다. 이러한 막대한 태양에너지는 앞으로도 50억 년 정도는 계속될 것으로 보입니다.

인류는 태고 때부터 태양에너지를 이용하여 진보·발달을 거듭해 왔습니다. 인류가 불의 사용을 알고 땔나무를 난방과 조리에 사용하고 소규모이지만 수력이나 풍력을 농경에 이용한 것이 태양에너지 이용의 시작입니다. 그 뒤 1800년대에 들어서면서 증기기관의 발명으로 산업혁명이 진전되어 땔나무보다 에너지의 발생 밀도가 높은 석탄이 대량 이용되기 시작하였습니다. 1900년대부터는 수력발전소나 석탄·석유를 연료로 한 화력발전소에서 만들어진 전기에너지 사용이 급증하여 인류의 생활양식·사회제도가 크게 바뀜으로써 근대문명사회로 발전해 나갔습니다.

이처럼 인류문명의 발달은 땔나무-수력-석탄-석유 등의 에너지로 유지되어 왔는데, 이들 에너지 자원의 근원은 태양에너지가 변형된 것(땔나무·수력·풍력 등)이거나 오랜 세월을 거쳐 축적 변형된 것(석탄·석유 등)입니다. 이와 같이 태양에너지는 각 시대마다 기술의 진보와 더불어 형태를 바꾸어 가면서 이용되어 인류의 새로운 문명과 사회제도를 창출하였습니다.

우리 인간뿐만 아니라 거의 지구상에 있는 모든 생물은 태양열로 만들어진 조형물입니다. 매일 쓰고 남는 에너지는 비축하고 모자라면 꺼내 쓰면서 우리는 태양열로 살고 있습니다. 그렇게 복잡하고 혼란스럽게 보이는 모든 생태계나 우리의 몸도 햇볕덩어리일 뿐입니다. 그러므로 우리는 매일 햇볕을 먹고 햇볕을 배설하는 태양에너지체인 셈입니다.

⑫ 달의 탄생과 형성

달은 지구와 거의 같은 시기에 생성됐습니다. 달은 원래 태양계 행성들 중의 하나였지만 지구에 가까이 왔을 때 지구의 인력에 끌려 위성이 되었습니다. 달에는 지구에서는 볼 수 없는 대규모 용암 분출과 유동이 있었으며, 달의 '바다'라고 불리는 부분은 이러한 용암류(熔岩流)에 의해 형성됐습니다.

동위원소를 이용한 분석 측정 결과에 따르면 그 연대는 38~30억 년 이전으로, 당시 달은 매우 고온이었던 사실을 나타내고 있습니다. 게다가 30억 년 전 이후는 달에서의 두드러진 지질활동은 거의 끝난 것으로 보이며 달의 산지(山地) 지형형성은 35억 년 이전에 완료됐습니다. 이에 반하여 지구에서는 현재도 대륙이동 등 지질활동이 계속되고 있습니다.

달은 태양에 비해서 질량은 작지만 거리가 가까우므로 달의 조석력은 태양의 조석력보다 2배 정도 강합니다. 달이 만월과 신월 때에는 달과 태양의 조석력이 겹쳐져 서로 강해지므로, 조석력은 강해지고 바다의 만조와 간조의 차이도 커집니다. 이것을 대조(大潮 ; 사리)라 합니다.

반면에 달이 상현과 하현에 있을 때는 달과 태양의 조석력은 약해져 만조와 간조 때 해면의 높이 차는 작아집니다. 이것을 소조(小潮 ; 조금)라 합니다. 대조나 소조는 바닷가에서 어업을 생업으로 하는 사람들에겐 중요한 관심사입니다. 따라서 달의 차고 이지러지는 주기는 이들의 생활에 중요한 관계가 있으며 달력 속에 달의 주기를 설정하는 것은 필요한 일이었습니다.

달이 지구에 미치는 영향은 주로 조석력에 의한 것으로, 바다의 조석이나 지구 본체가 비뚤어지는 지구조석도 달의 조석력이 최대 원인입니다. 이 때문에 지구 표면과 지구 중심과의 거리는 평균보다 최대 21㎝나 변합니다. 또한 조석력은 지구 표면의 수직선 방향도 변화시킵니다.

지구조석이나 수직선의 편차 연구는 지구의 내부구조 연구에 도움이 됩니다. 달의 조석력은 또한 지구에 우력 현상을 미쳐 지구자전축의 세차(歲差)와 장동의 원인이 됩니다. 태양의 조석력도 지구의 세차 · 장동의 원인이 되지만 달의 작용이 더 큽니다. 장동 중 최대의 것은 18.6년 주기입니다.

🌴 오아시스 🐪 장동(章動)과 우력(偶力) :

달이나 해의 인력 때문에 지구의 자전축이 짧은 주기로 흔들리는 현상을 장동이라고 합니다. 우력은 평행선으로 움직이며 크기가 같고 방향이 반대인 두 힘을 말합니다. 두 힘의 중앙에 고정된 물체가 있으면 회전운동을 일으킵니다.^^

⑬ 지구의 형성

빅뱅 후 91억년, 원시 태양계 원반의 태양 가까운 부분에서는 갓 방출되기 시작한 태양의 복사에너지에 의해 휘발성 성분이 제거되면서 규소를 주성분으로 하는 암석 종류와 철, 니켈 등의 금속성분의 미행성이 원시 태양 주위를 공전합니다.

이 미행성은 초신성폭발로 방출된 다양한 원소들로 구성됐으며, 주변의 소혹성들을 중력으로 흡수하여 그 크기를 불렸습니다. 미행성의 크기가 커지면 성장속도는 가속화됩니다. 이러한 미행성이 소행성들의 충돌로 엄청난 에너지를 방출하면서 표면이 녹아 흐르며 중력 작용으로 더욱 뜨겁게 가열됩니다.

원시 지구는 바깥부분이 거의 완전히 녹은 상태로 성장합니다. 원시 지구의 열원은 크게 세 가지로 설명할 수 있습니다.

첫 번째는 소행성의 충돌입니다. 소행성의 충돌은 운동에너지를 열에너지로 바꾸어 원시 지구를 뜨겁게 가열했습니다.

두 번째는 중력에너지입니다. 원시지구가 충돌로 인한 가열 때문에 조금씩 녹기 시작하자 그 때까지 뒤섞여 있던 철과 규소가 중력에 의해서 서로 분리되기 시작한 것입니다. 무거운 철이 중력에너지가 낮은 지구 중심으로 쏠려 내려가면서 굉장한 중력에너지를 열에너지의 형태로 방출합니다.

세 번째는 원시 태양계에 충만하던 방사성 동위원소의 붕괴열입니다. 지구의 바깥부분이 완전히 녹은 상태를 마그마 바다라고 합니다. 마그마 바다의 깊이는 수백 km에 달했습니다. 중력 분화가 끝나고, 더 이상 낙하할 소행성들도 없게 되자 지구는 식기 시작합니다. 마그마 바다가 식기 시작하면서 최초의 지각이 형성됩니다.

지구는 하나의 위성인 달을 거느리고 있습니다. 달과 지구는 공동 질량 중심을 27.32일의 주기로 회전하고 있으며 이를 항성월이라고 합니다. 한편, 지구와 달의 회전이 일어나는 동안 지구 역시 태양주위를 공전하고 있기 때문에 태양과 달의 상대적인 위치가 되풀이되는 데에는 항성월 보다 조금 더 긴 29.53일이 걸리며 이 기간을 삭망월이라고 지칭합니다.

공전 궤도면에 수직인 방향과 자전축은 서로 일치하지 않고 23.5도나 차이가 납니다. 이 기울기 때문에 공전궤도상의 지구의 위치에 따라 태양입사의 각도가 달라지게 되고 계절의 변화를 일으키게 됩니다. 한편, 달의 궤도면은 지구의 공전궤도면과 또 다시 5도의 차이가 있습니다. 따라서 삭망마다 일식과 월식이 반복되지 않습니다.

🌴 오아시스 🐫 연주시차 :

인간이 사용할 수 있는 가장 큰 자입니다. 주로 별까지의 거리를 재는데 이용합니다. 지구의 공전 지름의 양 끝에서 특정별의 각도를 재면 지구에서 그 특정별까지 거리가 나옵니다.^^

⑭ 대기와 바다의 형성

지구 대기의 역사는 암석과 마그마로부터 방출된 기체들이 지구

주위에 중력으로 묶이면서 시작됩니다. 이렇게 형성된 대기를 원시 대기라고 합니다. 원시 대기를 이루는 물질은 지구를 형성한 소행성과 혜성 따위에 포함되어 있던 휘발성 물질로부터 비롯되었습니다. 지구가 식어가면서 마그마 바다가 식어 고체의 바닥이 다시 형성되고, 원시 대기의 수증기 성분이 응결하여 비가 내리기 시작하였습니다. 이 비는 원시 바다를 형성하였습니다.

지구상의 물은 바다, 강과 하천, 그리고 호수와 늪 등 여러 가지 모습으로 지구의 표면을 덮고 있습니다. 이것을 수권이라 부릅니다. 수권의 대부분은 바다입니다. 수권이 이루어진 과정은 바로 바다의 형성과정입니다.

지구의 역사가 시작될 무렵에는 원시지각이 얇았고 화산활동이 활발했습니다. 이 화산활동에 의해 다량의 물과 염분이 지구내부로부터 빠져나와 지구의 표면을 덮었습니다. 이것이 원시해양입니다.

당시의 바닷물은 지금보다 훨씬 적었고 염분도 조금밖에 섞여 있지 않았습니다. 그 후 지구가 차츰 냉각되면서 공중에 있던 수증기가 비가 되어 지상에 내렸습니다. 이 비는 바닷물의 양을 증가시켰고 동시에 육상의 염분을 바다로 실어 날랐습니다.

:: 생명의 탄생과 현생인류 출현

⑮ 빅뱅 92억년 : 생명의 탄생과 진화

원시 바다의 해저에서는 지금의 열수분출공과 같은 곳에서 고에너지의 화학반응을 이용하는 특수한 유기물들이 생겨나 최초의 생명인 원핵세포가 탄생되었습니다. 박테리아 같은 독립된 단세포가 나타난 것입니다. 이 보잘 것 없는 생명인 원핵세포가 바로 이 세상의 주인공입니다.

원핵세포(原核細胞 - procaryotic cell)는 핵막이 없고, 핵 양체를 구성하는 염색체가 한 개이며, 유사분열을 하지 않는 세포입니다. 원형질유동을 일으키지 않으며 아메바운동도 볼 수 없습니다. 편모는 단순한 구조를 하고 있으며, 광합성 및 산화적 인산화는 막에서 하며, 엽록체 미토콘드리아 등의 세포기관으로 분화하지 않습니다.

이와 같은 세포로 이루어진 생물을 원핵생물이라고 하며, 모든 세균과 박테리아와 남조식물(藍藻植物)이 이에 포함됩니다. 원핵세포 하나가 탄생하기까지 빅뱅이후 92억년이란 장구한 세월이 흘렀습니다. 숫한 역정의 드라마를 겪으며 지루하기 한량없는 세월이었습니다.

오늘도 우리는 생존을 위해 수많은 생명들을 밥상에 올립니다. 또 우리 주변을 어지럽히는 잡초와 해충을 무차별하게 살육하고 있습니다. 이 우주의 진화 과정에서 지루한 역정 끝에 기적으로 태어난 원시생물을 이해한다면 우리가 생명들을 바라보는 시각이 달라질 것입니다. 이러한 새로운 시각은 곧 깨달음의 한 계단을 올라서는 것입니다.

⑯ 빅뱅 97억년 : 광합성 식물 출현

광합성을 할 수 있는 생명체들이 생겨나면서부터 이들은 태양 에너지를 곧바로 자신들의 에너지원으로 활용할 수 있게 되었습니다. 광합성의 결과로 생긴 산소는 먼저 바다에 녹아들어가면서 엄청난 양의 산화철을 만들었고 바다에 퇴적시켰습니다. 바다가 산소로 포화되는 데에는 10억 년에서 20억 년이 걸렸습니다.

그 뒤 계속되는 광합성은 산소를 대기 중으로 방출시켰으며 성층권에 오존층을 형성하게 됩니다. 초기의 생물들은 단세포 생물로 지금의 원핵생물과 비슷했습니다. 이들이 서로 합쳐지는 과정을 통해 한층 더 복잡한 형태인 진핵생물로 진화했습니다.

바다에서 광합성으로 태양의 에너지를 직접 공급 받는 남조 식물의 출현은 지구대기를 산소로 가득 차게 만들었습니다. 이 남조식물은 물속에서 수소를 추출해 광합성작용을 합니다. 물은 수소가 빠져나가자 자연히 산소가 대기권으로 날아갑니다. 이 남조식물의 번창으로 산소가 희박했던 대기는 산소로 가득해졌습니다.

우주도 생명도 진화에 의하여 발전합니다. 자연계의 진화는 지루하기 한량이 없습니다. 경계해야할 것은 인위적 진화입니다. 현대 문명의 이기들인 기계 · 전자제품 · 동력기기 등은 하루가 다르

게 진화하고 있습니다. 이들이 지능을 가지게 되면 이 우주는 인간
이 만든 인위적 진화물들의 세상이 될 것입니다. 만약 현 상태대로
진화가 계속되면 5백년 안에 지능을 가진 인조물에 의해 모든 생물
은 멸종의 위험에 놓이게 될 것입니다.

여기서 생물 에너지의 전환과정을 한 번 살펴보겠습니다. 먼저
식물은 광합성을 통하여 태양의 빛에너지를 화학 에너지로 전환시
켜 유기물에 저장하며, 생물은 호흡을 통하여 이 유기물속의 화학
에너지를 ATP에 저장합니다. 생물은 ATP의 분해 과정에서 나오는
에너지를 여러 가지 형태의 에너지로 전환하여 이용합니다.

에너지 전환의 예로는 근육의 수축과 같은 기계적 에너지로의 전
환, 새로운 물질로의 전환과 같은 화학적 에너지로의 전환, 체온유
지와 같은 열에너지로의 전환, 전기뱀장어나 전기가오리가 발전하
는 경우와 같은 전기 에너지로의 전환, 그리고 반딧불이나 야광충
과 같은 빛 에너지로의 전환 등이 있습니다.

🌴 **오아시스** 🐫 ATP(adenosine triphosphate) :

ATP란 생물체 내에 존재하는 화합물입니다. 아데노신이라는 물질에 인산기가
세 개 붙은 것으로 고 에너지 화합물이기 때문에. 이 인산기가 아데노신에서 떨어
져 나갈 때마다 많은 에너지가 발생하게 됩니다.

생물체는 영양분을 분해하면서 나오는 에너지로 대사활동을 하면서 살아가게
되는데 이 에너지를 다른 형태로 저장해 두는 것보다 ATP형태로 바꾸어 놓는 게
더 효율적이기 때문에 보통 생물체 내에서는 ATP로 저장하게 됩니다. 세균이나
몇몇 생물은 다른 형태로 에너지를 저장하기도 합니다. 에너지를 저장하는 물질

정도로 생각하시면 됩니다.^^

⑰ 빅뱅 115억년-진핵세포 출현

진핵세포 (眞核細胞 - eukaryotic cell)는 정지핵에서 핵막에 포함된 핵을 가지는 세포로 세균과 남조식물 이외의 모든 동물·식물의 세포가 이에 속합니다. 유사분열을 하며, 핵에서는 DNA가 히스톤 등의 단백질과 함께 염색체의 구조를 만들고 핵 속에는 인을 볼 수 있습니다. 세포질 속에는 막계(膜系)가 잘 발달하여 소포체·골지체·미토콘드리아·엽록체·리소좀 등의 세포소기관이 존재하며 각각 특이 기능을 담당합니다.

원핵세포에서 진핵세포로 진화하는데 무려 23억년이 걸렸고 또 진핵세포에서 다핵세포로 진화하는데 16억년이 걸렸습니다. 오늘날 모든 생물들은 우주의 탄생과 진화만큼이나 기적적인 존재들입니다.

🌴 오아시스 🐪 생물의 탄생과 진화 :

생물은 30억년 이전에 지구상에 탄생한 이래, 진화를 거듭하여 현재는 200만 종에 이르는 것으로 보고 있습니다. 이 다종다양한 생물집단은 계통 진화적으로는 세 가지 기본 계통군으로 이루어져 있습니다.

식물계통군(식물류─광합성작용으로 무기물을 유기물로 전환)·동물계통군(동물류─유기물 소비))·균류계통군(균류 ; 세균류 포함─유기물을 무기물로 분해)이 그들입니다. 이 세 가지 기본계통군은 기능에 따라 식물류는 생산자, 동물류는 소비자, 균류는 환원자(또는 분해자)가 됩니다.^^

⑱ 빅뱅 131억년 : 다핵세포 출현

다세포생물(多細胞生物)은 여러 개의 세포로 이루어진 생물을 말합니다. 동물이나 식물 등 눈에 보이는 크기의 생물은 대개 다세포생물입니다. 해파리는 다세포 군체로 환경에 따라 수온이 내려가면 서로 달라붙어 공생을 합니다. 앞에 붙은 놈들은 머리가 되고 뒤에 붙은 놈들은 꼬리가 됩니다.

이 군체는 하나의 생명체와 같이 먹이를 잡고 생식을 하며 살아갑니다. 그러다가 수온이 높아지면 다시 해체되어 독립해 삽니다. 두 개 이상의 진핵세포가 공생을 하면서 다세포생물이 출현합니다. 군체와 달리 다세포생명체는 구성세포가 모두 같은 유전정보를 가집니다. 세포 하나하나가 전체의 정보를 담고 있는 홀로그램 운영체계를 가집니다.

⑲ 빅뱅 131.65억년 : 캄브리아기의 생명 대폭발

129.5억년에서 131.2억년 동안 빙하기를 거친 뒤 131.65억년 캄브리아기에 생명이 폭발적으로 탄생됩니다. 그때 다세포 진핵생물은 육상을 점령하고 하늘에 진출했으며, 바다에서는 생태계의 꼭지점에 군림하는 등 엄청나게 번성합니다.

그러나 캄브리아기 이후 생물종의 대부분을 멸종시킨 대량멸종사건이 다섯 차례나 발생합니다. 대량멸종사건은 기존에 번성하던 생물종들을 대부분 지구상에서 사라지게 하지만, 거기에서 살아남은 종들은 다시 번성하여 기존의 생태적 지위를 차지하게 된다는 점에서 생물의 진화에 결정적인 영향을 미치는 사건입니다.

고생대 말의 대량멸종은 판게아의 분열과 관련된 대규모 화산활동 때문이며, 중생대 말의 대량멸종은 운석 충돌로 야기되었습니다. 중생대 말의 대량멸종 이후 포유류들이 번성하게 됩니다.

137억 년 전 10^{-30}cm 크기의 우주의 씨가 갑자기 무에서 생겨나 찰나적으로 인플레이션을 통해 빅뱅을 일으키면서 대우주를 탄생시켰습니다. 그리고 빅뱅의 에너지는 시간과 공간의 팽창으로 분화되어 무수한 별을 탄생시키고 그 별들의 핵융합반응으로 생명이 필요로 하는 원소를 만들게 하였으며, 그 별들은 신성폭발로 우주공간에 비명소리와 함께 흩어집니다. 장구한 세월을 두고 반복된 신성폭발의 자리에 태양계가 탄생하고 지구와 달이 탄생하여 기적같은 원핵생물인 최초의 생명이 탄생합니다.

그리고 132.30억년과 134.55억년 사이는 고생대로 대삼엽충·완족류·갑주어·양치식물·양서류·파충류·겉씨식물 등이 출현하고, 134.55억년과 136.35억년 사이는 중생대로 암모나이트·공룡·시조새·소철·은행나무 등이 등장합니다.

136.39억 년 중생대말엔 공룡 암모나이트가 멸종되고 대신 포유류와 속씨식물이 출현합니다. 136.35억 년 이후 신생대엔 단풍나무나 사과나무 등 속씨식물이 번창하고, 평야나 초원에 포유류인 매머드와 말 등이 번성합니다.

⑳ 빅뱅 136.998억년 : 현생인류 출현

이렇게 우주탄생과 지구의 진화 과정을 통해 빅뱅 후 136.998억 년, 그러니까 지금부터 20만 년 전에 드디어 현생인류가 탄생합니다. 그리고 현생인류의 유전자는 우리의 혈관에 흐르고 있습니다.

우리는 우리 조상의 혈통이 우리 뿌리의 전부가 아님을 먼저 알아야합니다. 오늘 우리는 137억년의 장구한 세월 동안 대우주의 생성과 소멸이라는 장엄한 드라마의 역정으로 존재하는 하나의 기적입니다.

우리가 우주를 이해할 때 우리 스스로가 우주의 주인이라는 사실을 깨닫게 되고, 이 세상을 우리의 소망대로 살 수 있습니다. 우주의 역사를 모르고는 그 어떤 차원의 세계를 이야기 할 수 없습니다. 이 세상엔 진정한 영원도 없고 진정한 죽음도 없이, 다만 크고 작은 순환의 고리에서 생성과 소멸을 하고 있을 뿐입니다.

🌴 오아시스 🐫 왕 :

나는 왕입니다.
나는 수많은 소유를 거느리고
나의 왕국을 다스리고 있습니다.
이 세상 시작부터
나는 왕으로 예정되어
그 무수한 세월의 강을 건너
찬란한 햇빛 속의
왕으로 태어났습니다.
‥‥‥‥‥

이 시에서와 같이 우리는 우주의 주인이며 왕입니다. 이 세상 모든 피조물들은 우리를 위한 존재들입니다. 우리는 포어그라운드이며 전 우주는 우리의 백그라운드입니다.^^

우리의 존재 뒤엔 빅뱅의 초열지옥과 수많은 초신성 폭발의 장렬한 죽음이 있었습니다. 우리는 또 거슬러 올라가면 미시세계의 입자와 반입자를 지나 공간상전이의 에너지 이전 10^{-30}cm의 우주의 씨로 되돌아가 무(無)로 사라집니다.

지금 이 순간에도 우리는 우주탄생의 정보와 비밀을 지닌 DNA를 가지고 지구라는 조각배를 타고 초속 220km로 헤라클레스자리 근처의 거문고자리 1등성인 직녀성을 향해 달리고 있습니다.

우리가 존재하기까지의 우주의 진화과정에서 무에서 우주가 탄생되고 에너지가 물질로 진화되는 과정을 보았습니다. 이러한 현상은 양자론적 물질분화를 통해 결국 무로 귀속된다는 사실을 확인시켜줍니다. 아래 두 가지를 크로스 체크 해보면 더욱 흥미롭습니다.

- 양자론적 물질의 분화 : 물질→ 분자→ 원자→ 전자 · 중성자 + 양성자→ 전자 · 쿼크(의식)→ 에너지→ 파동→ 초양자→ 무(無)

- 상대론적 우주의 진화 : 전생 = 무(無)→ 우주의 씨→ 에너지 → 입자 · 반입자→ 쿼크 · 전자→ 양성자 · 중성자 · 전자→ 핵자 · 전자→ 원자→ 분자→ 물질

우주 초기의 초고온 초고밀 상태의 환경을 마련하면 우주초기의

소립자나 입자를 인위적으로 생성시킬 수 있습니다. 우주초기 입자를 발견한다는 것은 우주탄생의 비밀을 캔다는 것입니다. 그래서 과학자들은 입자가속기를 만들어 광속으로 입자들을 충돌시켜 빅뱅의 비밀을 추적하고 있습니다.

이러한 우주의 역사를 증명해주는 여러 증거들이 발견되고 있습니다.

첫째는 허블의 법칙입니다. 우주는 은하들이 골고루 분포하고 있는데, 이러한 은하의 운동을 조사해 보면 멀리 있는 은하의 후퇴 속도가 더 빠른 허블의 법칙이 잘 나타납니다. 이는 우주가 팽창하고 있기 때문에 나타나는 아주 뚜렷한 현상입니다.

두 번째로는 3k 우주배경복사입니다. 초기우주에서는 빛과 입자가 마구 섞여 있다가, 우주가 팽창하여 온도가 낮아짐에 따라 빛이 입자로부터 분리되었고, 이 시점부터 현재까지 우주의 온도를 계산하면 3K로 계산되는데, 우주의 온도가 3k라는 것은 이미 수십 번 실제 관측에 의해 증명되고 있습니다.

세 번째로는 헬륨의 비율입니다. 우주의 온도가 식어가는 비율에 따라 중성자의 개수가 달라질 수 있는데, 우주가 팽창하며 중성자가 만들어지고, 이 중성자의 개수에 따라 우주에 헬륨이 만들어졌다면 우주의 헬륨 비율은 약 30%라는 계산이 나옵니다.

실제로 우주에 존재하는 거의 대부분의 물질에서 헬륨의 비율이 30%라는 사실이 망원경을 통한 관측에 의해 수천 번 증명되고 있습니다. 이러한 증거로부터 우주는 아주 작은 진공의 점에서 폭발

하여 팽창하고 있는 상태라는 우주의 역사가 과학적으로 옳다는 사
실이 증명되고 있습니다.

🌴 오아시스 🐫 에너지불멸의 법칙 :

에너지보존법칙이라고도 하며 여러 현상의 변화 과정에서, 에너지는 그 꼴을
바꾸거나 이동하여도 에너지의 총합은 일정하다는 법칙입니다.^^

제 2 부

우리는
어디에 있는가?

137억년 전 갑자기 생긴 우주의 씨가 발아되어 순식간에 인플레이션을 거쳐 빅뱅을 일으키며 우주가 탄생했습니다. 그리고 무수한 별들이 생성과 소멸을 거듭한 자리에 지구가 생겼으며 장구한 진화 끝에 우리가 이 세상에 태어났습니다. 우리는 단지 우리의 조상들의 혈통만이 우리의 뿌리가 아님을 알았습니다. 우리는 137억년 동안 대자연의 순환의 고리에 매달려 왔습니다.

지금부터 우주는 어떠한 운영체계를 가졌는지를 알아보겠습니다. 우주의 운영체계를 알면 우리는 쉽게 세상을 살아갈 수 있습니다.

제3장

홀로그램 우주

:: 홀로그램의 이해

먼저 홀로그램의 뜻부터 알아보겠습니다. 홀로그램은 사진술에서 처음 등장한 용어입니다. 그 내용을 살펴보면, 홀로그램은 사진 투영 기법에 의해 만들어지는 3차원 이미지로서, '전체' 라는 의미를 가지는 그리스어 holos와 '메시지' 또는 '쓰다' 라는 의미를 가지는 gramma가 합쳐져서 만들어졌습니다.

홀로그램은 2차원 컴퓨터 화면상에서 나타나는 3D나 가상현실과는 달리 입체 효과를 흉내낸 것이 아닌, 실제로 스스로 서 있는 3차원 이미지인데, 이를 보기 위해 특별한 장치를 필요로 하지 않습니다.

이 입체사진술 이론은 1947년에 데이스 가보가 개발하였으며 레이저 기술의 발달에 따라 입체사진술이 가능하게 되었습니다. 또한 우리나라 5만 원짜리 지폐도 위조방지를 위해 홀로그램 스티커를 인쇄해 놓았으며 신용카드에도 반짝이는 홀로그램 스티커를 인쇄해 놓았습니다.

이 필름의 놀라운 점은 보통의 사진 필름과 달리 하나하나의 조각들이 필름 전체에 기록된 모든 정보를 담고 있다는 것입니다. 하나의 필름은 그것을 무수히 잘라도 그 속에 각기 전체상이 있어서 자르지 않은 원판과 똑같은 입체상이 나타나는 것입니다. 칼 프리브램은 인간의 두뇌에서 모든 능력, 예를 들면 기억, 인식, 연상도 역시 부분적으로 존재하지 않고 각 부분이 전체의 정보를 담고 있음을 밝혀냈습니다.

우주의 구조는 홀로그램으로 되어있다고 확신한 사람은 데이비드 봄입니다. 봄은 우주는 물질이든 진공이든 초양자 장으로 가득하기 때문에 이 초양자 장에 의하여 우주는 상호연결되어 있다고 보았습니다. 그러므로 우주 어디 어느 곳에서 일어난 사건이든 간에 서로 무관한 것이 아니라 상호 연결되어 있다고 주장했습니다.

데이비드 봄은 버클리방사선 연구소에서 플라스마에 대한 역사적 연구를 했습니다. 플라스마란 고농도의 전자와 양이온으로 양전하를 띈 원자를 품고 있는 가스 입니다.

봄은 놀랍게도 전자들이 일단 플라스마 속에 들어오면 개개의 독립체로 있는 것이 아니라, 보다 큰 상호 연결된 전체의 일부로 행동하는 것을 관찰했습니다. 전자들은 매우 조직적이면서도 서로정보를 교환하며 일사불란하게 움직였습니다. 뿐만 아니라 수십억의 전자 입자들이 아메바처럼 자신을 재생산해내고, 이물질을 벽속에 가두어 두기도하면서 마치 하나의 유기체같이 움직였습니다.

데이비드 봄은 이러한 현상을 '플라스몬'이라고 명명했습니다. 이러한 발견은 데이비드 봄을 명성이 높은 물리학자로 만들었습니다.

모든 물질과 공간속에 스며들어 있는 양자로 인하여 이 우주는 초시간적, 초공간적으로 상호 연결되어 있습니다. 플라스마 속의 질서가 외견상으로 무질서해 보이는 각 전자의 행동 속에 숨어있는 것과 같이, 이 우주는 숨겨진, 혹은 안으로 접혀 들어간 질서를 지니고 있다는 것을 알았습니다.

특히 1982년 아스팩트는 실험을 통해 두 광자가 공간으로 달아나면서 서로 정보교환을 하며 움직이는 현상을 발견하였으며, 이 실험에 의해 아인슈타인의 상대성 이론을 깨고 아인슈타인이 불가능하다고 선언한 초 광속교신의 가능성을 증명했습니다.

이러한 홀로그램 현상을 깊이 파고들수록 우주의 운행원리가 홀로그램의 원리를 채용하고 있음을 확신하게 해 줍니다.

우리 주변의 자연 속에서 홀로그램적인 현상들을 많이 관찰할 수 있습니다. 하늘을 날아가는 새떼들이나 개미나 벌 떼, 혹은 하루살이들은 무질서한 움직임이 아니라 의식적인 집단행동을 하고 있습니다. 수많은 개체들이 서로 무엇을 하고 있는지를 알고 있으며 아주 조직적인 행동을 보입니다. 수천 수만의 새나 하루살이 혹은 벌들은 공중에서 빠른 속도로 집단적 이동을 하더라도 서로 충돌하거나 부닥쳐 죽는 일이 없습니다. 그 이유는 이들이 서로 무엇을 어떻게 하고 있는지를 알고 행동하기 때문입니다.

구름은 지상이나 수면 위에서 수증기가 증발하여 하늘로 올라가서 만들어진 것입니다. 수증기는 하늘로 올라가서 뿔뿔이 흩어지지 않고 서로 응집되어 집단행동을 보입니다. 이 집단행동에 의하여 구름은 여러 가지 모양으로 하늘을 떠다닙니다. 엄밀히 따지면 우리가 아는 상식으로는 도저히 수증기는 응집되어 구름이 될 수 없습니다. 대지나 수면위에서 증발한 수증기는 넓은 허공 중에 뿔뿔이 흩어져야 합니다. 수증기가 구름이 되는 이유는 수증기들의 집단적 의식때문입니다. 만물은 구름처럼 집단적 행동을 통하여 의식화되고 모든 형상을 만들어갑니다. 안개, 황사바람, 강물, 바닷물,… 등등도 구름처럼 개개의 입자들이 상호정보를 교환하며 의식화된 집단행동을 합니다.

우주생성초기에 출현된 전자와 쿼크는 우주의 씨가 지닌 에너지와 정보(의식)를 그대로 전달 받은 에너지정보체입니다. 모든 물질은 이들 전자와 쿼크라는 기본 질료로 구성됨으로 해서 우주만물은 자동적으로 의식을 가집니다.

의식은 본능적으로 자기조직화하려는 성질을 가짐으로 해서 진화의 길을 걷습니다. 이러한 의식의 본능으로 인하여 필연적으로 생명은 탄생되도록 되어있으며 생명은 세포에서 출발합니다. 또 세포는 의식의 방향으로 진화됩니다. 우리가 다이어트를 위해 세포암시를 할 때 위가 작아진다고 암시를 하면 실제로 위가 의식의 방향대로 작아집니다.

🌴 오아시스 🐫 의식의 소리들 :

　자연계의 동식물 뿐 아니라 모든 물질은 의사표시, 즉, 의식의 소리를 발합니다. 산속에 있으면 바람소리 · 물소리 · 새소리 등 수많은 소리를 듣습니다. 모든 자연의 소리는 의식의 속삭임 혹은 의식의 저항 아니면 의식의 비명입니다. 회초리를 들고 허공을 가르면 날카로운 비명소리가 납니다. 이 소리는 허공에 상처가 생기는 소리입니다.^^

　또 한발 더 나아가 소우주라고 말하는 우리 인체를 살펴보면 더욱 홀로그램적인 모델임을 알 수 있습니다. 우리 인체는 약 60조개의 세포로 이루어졌습니다. 이 60조개의 세포는 모두 독자적인 생명체입니다.

　세포 하나하나엔 세포핵이 있고 핵 속엔 DNA란 유전정보가 있으며 이 DNA는 우리 몸 전체의 정보를 담고 있습니다. 이 DNA만 분석하면 그 사람의 체질, 성격, 체형, 면역성, 질환 등을 알 수 있으며, 여차하면 그 사람을 복제도 할 수 있습니다. 이와 같이 우리 몸은 홀로그램의 원리를 채용하고 있으며 부분이 전체의 정보를 담고 있습니다.

　우리인체는 60조개의 세포가 공생을 하고 60억 개의 세균이 기생을 하는 거대 다세포 생명체입니다. 60조개의 세포는 머리털의 세포나 심장의 세포나 동일한 구조로 되어있으며, 그 위치에 따라 역할분담이 엄격하며 죽을 때는 미련 없이 동시에 죽음을 받아들입니다.

우리의 인체 일부, 즉, 손이나 발만 보고도 인체 내부의 장기의 질환을 진찰할 수 있고 침이나 뜸으로 치료도 가능합니다. 뿐만 아니라 60조개의 세포들은 서로 무엇을 하고 있는지 다 알고 있습니다. 만일 발가락 끝에 상처가 나면 즉시 60조개의 세포에게 정보전달이 됩니다.

우리 인체의 혈도는 365개로 일 년 365일과 무관하지 않으며, 인체의 5장6부는 지구의 5대양 6대주와도 무관하지 않습니다. 또 인체 척추 뼈가 24마디로 된 것도 하루 24시간과 무관하지 않습니다. 우리 인체를 구성하는 원소는 108개인데 이것은 자연계의 원소 숫자와 같으며, 이러한 원소는 108번뇌와 같은 우리의 감정을 형성하고 있습니다.

다시 한 번 홀로그램 우주의 특징을 요약하면 다음과 같습니다.

① 부분이 전체의 정보를 담고 있음.

② 우주는 초양자에 의해 하나로 상호 연결되어 있음.

③ 모든 개체는 집단화가 되면 의식적인 행동을 함.

④ 우주는 초시간적 · 초공간적 일체화로 존재함.

⑤ 우주의 모든 사건은 비국소성의 원리로 전 우주에 공존하며 불가분의 전일성을 가지고 있음.

⑥ 현존 우주는 감추어진 질서에서 투영된 환영임.

⑦ 초시간적, 초공간적 초광속교신이 일어 남.

⑧ 모든 물질은 초기의식화과정을 통하여 생성됨.

⑨ 관찰 전에는 파동이나 관찰에 의해 입자로 창조됨.

봄(Bohm)의 양자이론은 코펜하겐의 표준해석과 상당한 해석상의 차이가 있음을 알 수 있는데, 그 차이점을 요약하면 다음과 같습니다.

표준해석에서는 양자는 관측되기 이전에는 불확정적이어서 존재 혹은 비존재를 알 수 없으나 관측하는 순간에 비로소 양자는 파동 혹은 입자로 태어나는 것이라고 하였습니다.

반면 봄은, 파동은 관측되기 이전에도 확실히 존재하는 것이며 파동이 모여서 다발(packet)을 형성할 때 입자가 되는 것이라고 하였으며, 파동의 출처는 우주의 허공을 꽉 채우고 있는 초양자 장이라고 하였습니다.

이와 같이 봄의 양자이론은 잘 정리된 수학 공식과 이론으로 구성되어 있으나 코펜하겐 학파의 거물인 보어와 원자 물리학의 대부인 오펜하이머 등이 죽기 이전에는 물리학계에서 별로 주목을 받지 못하였고 오히려 이단학설로 취급되었습니다.

데이비드 봄은 양자론에서 우주의 구성 상태를 다음과 같이 진화시켜나갔습니다.

초양자의 중첩이 파동으로 진화→ 파동의 중첩이 에너지로 진화→ 에너지의 중첩이 소립자로 진화→ 소립자의 중첩이 초기의식으로 진화→ 초기의식의 중첩이 원자로 진화→ 원자의 중첩이 분자로 진화→ 분자의 중첩이 물질로 진화.

이렇게 중첩에 의한 진화과정을 보면, 의식은 원자 이전의 양자(소립자)의 중첩에서 생긴다고 했습니다. 즉, 모든 물질은 소립자의 중첩을 통하여 의식이 생기고 의식의 중첩에 의해 원자가 생기므로, 근본적으로 의식화 과정을 거쳐 물질이 생겼다고 할 수 있습니다.

의식이 중첩되어 원자가 되었으니 당연히 원자는 의식이 있습니다. 그래서 주기율표를 보면 각 원소 마다 성질(의식)이 있으며 그 성질로 인하여 다른 원소와 화학반응을 일으키게 됩니다.

그러므로 의식은 두뇌나 신체의 장기 속에서 발생하는 것이 아니라 바로 양자 장 속에서 생긴다는 것입니다. 그래서 구름 · 강물 · 황사바람 · 안개 · 가스 · 모래사막 등은 두뇌나 장기가 없이도 그들의 집단이 가지는 양자 장에서 집단의식이 생기고 존재한다는 것입니다.

우리 인간도 양자 장, 즉, 에너지정보 장에 마음(의식)이 있으며, 이 양자 장인 기(氣)를 통하여 우주의 에너지와 우주의 정보를 받아들이고, 내부의 탁한 기운과 고유 정보를 우주로 내 보냅니다. 그렇기 때문에 우리는 우주와 의사소통이 가능합니다.

이러한 의사소통은 초시간적, 초공간적으로 이루어지고 있습니다. 우리가 구름에게 사라지라고 말하면 구름이 알아듣고 사라져 주고, 식물에게 사랑을 베풀면 식물이 알아듣고 좋은 결실을 맺어 주는 것도 홀로그램 현상입니다.

우리의 마음(의식)은 에너지정보 장에 거처를 두고 있습니다. 그리고 두뇌는 시시각각으로 주파수를 조절하며 우주와 정보교환을 합니다. 우주만물은 진동합니다. 진동하는 우주만물은 주파수가 맞으면 상호 공명합니다. 공명현상은 의식이 통했다는 의미입니다.

🌴 오아시스 🐫 뇌사자의 뇌 :

뇌사자의 뇌는 뇌 이외의 다른 신체 기관이 정상가동되고 있으므로 에너지정보 장(마음)도 형태를 유지하고 있습니다. 다만 입출력이 안 된 채 정체상태에 있게 됩니다. 또한 유체이탈이 안된 상태이므로 그 혼은 마음 장에 머물고 있습니다. 뇌사자들은 뚜껑이 열린 상태이므로 4차원의 세계를 무상출입하며 지냅니다. 뇌는 정보를 입력하고 읽어 내는 역할을 합니다.^^

:: 홀로그램 두뇌

프리브램은 1960년대 중반 사이언티픽 아메리카지에 실린 홀로그램에 관한 기사를 보고 기억하는 능력이 두뇌 전반에 걸쳐 분산 분포되어 있다는 사실을 확신하게 되었습니다.

우리의 뇌는 신체의 어디에 기억을 저장하는가? 엔그램(engram -기억의 흔적)의 정체를 찾기 위해 과학자들은 노력했습니다. 그러던 중, 간질환자의 측두엽에 전기 자극이 가해지자 과거기억이 선명해지는 사실을 발견하고 이곳 측두엽에 기억장치가 있을 것으로 확신했습니다.

그러나 레실리의 쥐의 뇌 실험으로 기억장치는 뇌의 일정한 지점이 아닌 뇌 전체에 분포되어 있다는 사실이 증명되었습니다. 이렇게 해서 엔그램이론은 의미가 없어지고 프리브램에 의한 홀로그램 두뇌구조 분야에 연구가 집중되었습니다.

홀로그램 두뇌구조의 특성을 요약해보면 다음과 같습니다.

① 기억의 정보는 뇌 전체에 퍼져있음.

② 두뇌 신경세포 뉴런의 가지 끝에서 전기신호(펄스)가 외부로 발산되면서 파동적 현상으로 교차되어 간섭무늬를 일으킴.

③ 홀로그램필름을 레이저 광선 속에서 각도를 주며 움직이면 다양한 이미지들이 깜박거리며 나타났다 사라졌다 하듯이, 뇌의 간섭무늬 속에서 기억과 망각 현상이 일어남.

④ 연상기억: 보름달을 보면 고향의 추억이 떠오름.

⑤ 환상지현상: 잘린 다리가 가렵게 느껴지는 현상.

⑥ 푸리에 변환식: 이미지를 파동의 언어로 변환시켜 저장한 후 원래 패턴으로 재생시킴.

⑦ 현실은 입자형태의 마야(maya - 환영)이며 외부는 파동형태의 주파수대역임.

봄의 이론에 대한 과학자들의 반응은 두 그룹으로 나뉩니다. 한 그룹은 그의 견해에 대하여 회의적이며, 한 그룹은 그의 견해에 공감하는 경우입니다. 그러나 그의 이론이 과학을 다루는데 있어서 지금까지의 이론 중에서 가장 진보적이며 과학이 다루기를 꺼려하는 많은 문제들, 예컨대 심령 의식이나 초현상 염력 등을 해석할 수 있는 가능성을 열어놓고 있다는데 대해서는 많은 이들이 동의하고 있습니다.

봄과 프리브램의 이론은 우주를 바라보는 새롭고 심오한 관점을 제공합니다. 우리의 뇌는 궁극적으로는 다른 차원인 시간과 공간을 초월한 심층적 존재차원으로부터 투영된 그림자인 파동의 주파수를 수학적인 방법으로 해석함으로써 객관적 현실을 지어냅니다.

두뇌는 홀로그램 우주 속에 감추어진 홀로그램입니다. 프리브램에게는 객관적인 세계란 최소한 우리가 믿게끔 길들여져 있는 것과 같은 방식으로는 존재하지 않는다는 깨달음을 얻게 했습니다.

외부에 있는 것들은 파동과 주파수의 광대한 대양이며, 이 파동과 주파수가 우리에게 현실처럼 느껴지는 것은 단지 우리의 두뇌가 이 홀로그램 필름과 같은 간섭무늬를, 이 세계를 이루고 있는 막대기와 돌과 기타 친숙한 대상들로 변환시켜 놓는 능력을 가지고 있기 때문입니다. 그러나 그 렌즈를 제거할 수 있다면 우리는 그것을 하나의 간섭무늬로 경험할 것입니다.

어느 쪽이 현실이고 어느 쪽이 환상인가? 프리브램은 말합니다.

"나에게는 둘 다 현실입니다. 아니, 달리 말하길 원한다면, 둘 다 현실이 아닙니다."

우리 자신이 홀로그램의 일부이며 시간과 공간까지도 지어낸다는 말입니다.

:: 의식

의식은 좀 더 미묘한 형태의 물질입니다. 모든 것들은 홀로무브먼트의 다른 측면이기 때문에 봄은 의식과 물질이 상호 작용한다고 말하는 것 자체가 의미가 없다고 생각했습니다. 어떤 의미에서는 관찰자가 관찰되는 것이며, 관찰자는 또한 측정 장치이자, 실험결과이자, 연구소이자, 연구소 밖을 지나가는 산들바람입니다.

봄은 의식이 좀 더 미묘한 형태의 물질이라고 믿습니다. 형체에 활동력을 불어넣는 것은 마음이 지닌 가장 특징적인 성질입니다. 그는 우주를 생물과 무생물로 나누는 것 또한 무의미한 일이라고 믿고 있습니다. 생물과 무생물은 불가분하게 서로 엮어져 있고 생명 또한 우주라는 총체의 전반에 깃들여 있습니다.

바위조차도 어떤 의미에서는 살아 있습니다. 왜냐하면 생명과 지능은 모든 물질뿐만 아니라 에너지, 공간, 시간 그리고 우리가 홀로무브먼트로부터 추상해내어 분리된 사물로 오인하는 기타의 모든 것들 속에 존재하고 있기 때문입니다.

🌴 **오아시스** 🐪 지능 :

지능은 IQ(Intelligence Quotient)라고 하며 인식능력이라고 할 때 원소의 주기율표에서 공부했듯이 모든 원소는 아주 민감하게 외부적 결합이나 온도 등에 반응하여 화학적 결합을 합니다. 고로 원소로 이루어진 만물은 지능이 있습니다.^^

홀로그램의 모든 부분들이 전체상을 담고 있는 것과 똑같이 우주의 모든 부분이 전체를 품고 있습니다. 마찬가지로 우리 몸의 낱낱의 세포들도 그 속에 우주를 품고 있습니다.

모든 나뭇잎과 빗방울, 티끌 또한 그러한 것입니다. 공간은 꽉 차 있습니다. 그것은 진공의 반대인 충만이며 우리를 포함한 만물의 존재 기반입니다. 우주는 그 표면 위의 한 물결, 상상할 수 없이 광대한 대양 속의 작은 파문입니다. 이 파문은 비교적 자생적이어서 안정적으로 비슷하게 되풀이하여 재현되는 다른 것들로부터 구분하여 인식할 수 있는 그림자를 현상계라는 3차원의 드러난 질서 속에 비추어 냅니다.

다시 말하면, 우주는 우리가 보듯이 그 분명한 물질적 성질과 엄청난 크기에도 불구하고 홀로 존재하지 않으며 그보다 훨씬 더 광대무변하고 표현할 수 없는 그 무엇의 산물이라는 것입니다. 이 무한한 에너지의 바다도 감추어진 질서 속에 깃들여 있는 것의 전부가 아닙니다.

감추어진 질서는 우리 우주 속의 만물에 탄생을 안겨준 바탕입니다. 그것은 과거에 있었던, 그리고 앞으로 존재할 모든 아원자 입자들과 모든 형태의 물질, 에너지, 생명 그리고 가능한 형태의 의식까지를 담고 있습니다.

이제 우리의 사고를 좀 더 확장해 보면, 삼라만상이 의식을 가지고 있다는 뜻이니 우리의 모든 주변들은 의식체임을 알아야합니다. 동식물은 물론, 흙, 건축물, 바위, 산과 같은 모든 만물들은 고유의 양자 장을 가지고 있으며, 양자 장엔 모든 사물들의 의식이 깃들어져 있습니다. 양자 장의 의식은 고유의 주파수를 가지며 의식은 이 고유의 주파수로 외부와 정보교환을 합니다.

모든 만물의 의식은 빅뱅에서부터 진화되어 왔습니다. 인간의 의식도 마찬가지입니다. 우리 몸에는 빅뱅에서부터 의식의 진화흔적이 있습니다. 물질적 의식, 동물적 의식, 인간적 의식 등이 우리 의식의 깊은 구조 속에서 화학적 결합을 하고 있습니다. 작용과 반작용은 물질적 의식이며, 두려움은 동물적 의식, 양심은 인간적 의식입니다. 그러므로 우리의 의식 속에는 수많은 자아가 있습니다.

이 수많은 자아는 때로 이해관계의 충돌로 엄청난 갈등을 겪습니다. 예를 들면 경제적 궁지에 몰린 사람이 사면초가와 같은 상황에 처하면 여러 형태의 자아들이 충돌합니다.

A자아-도둑질이라도 해서 위기를 벗어나자, B자아-차라리 야반도주 하자, C자아-신장이라도 팔자, D자아-오리발 닭발 내밀며 버티자, E자아-벌어서 갚겠으니 시간을 달라고 하자, F자아-차라리 죽어버리자, 등등, 결국 우리네 인생이란 이러한 자아들 간의 토론입니다.

이들 자아들은 다 출신 성분이 다릅니다. 우리 인간이 진화해오는 과정에서 빅뱅-신성폭발-원핵세포생물-진핵세포생물-다핵세포생물-어패류-조류-파충류-포유류-인류 등의 본능들이 우리의 의식에 중첩되어 표출된 현상입니다.

좀 더 의식에 대한 이야기를 한다면, 생명체가 있는 동식물은 활성화된 의식이며, 기타 사물들은 비활성화된 초기의식으로 생각할 수 있습니다. 활성화된 의식은 능동적인 의식이며, 비활성화된 의식은 수동적인 의식입니다.

🌴 오아시스 🐫 활성화의식 vs 비활성화 의식 :

어떤 동물을 막대기로 때리면 아프다고 비명을 지르며 두려워 도망을 갑니다. 이것을 활성화의식이라 합니다. 반면에 돌을 막대기로 치면 따~앙! 하고 비명을 지르며 반작용(저항)을 합니다. 이것을 비활성화의식이라 합니다.^^

만일 어떤 사건이 어떤 장소에서 일어났다면 그 사건을 목격한 주변의 사물들은 그 사건을 기억하고, 그 사건은 우주전체에 전달됩니다. 은하 밖의 수십억 광년 거리의 사건도 금방 우리의 주변에까지 사건정보의 전달이 됩니다. 이러한 현상을 양자 얽힘이라고 합니다. 양자 얽힘에 의해 우주는 하나로 통일되어 있습니다.

옛날 할머니들이 정화수에 물을 떠 놓고 천지신명께 빌거나, 일월성신께 비는 기도도 우주의 의식체(창조주)에게 소망을 호소하고 도움을 청하는 행위가 됩니다. 그러한 기도가 간절하면 우주는 들어 줍니다. 지성이면 감천이란 우리의 속담도 그냥 해 본 말이 아닙니다.

특히 우리나라 사람들은 모든 생활주변에 신을 모시고 살고 있습니다. 집안에 성주신, 부엌에 조왕신, 안방에 삼신할미, 장독에 천신, 대문에 길대장군, 마당과 토담에는 토신, 산엔 산신, 바다엔 용

왕신 등, 구석구석 신을 모셨으니 우리의 토속신앙 속에서 모든 사물을 의식화시킨 흔적을 찾아 볼 수 있습니다. 그리고 이 의식화는 실재로 의식이 있는 사물들이며 이러한 주변 환경과 더불어 의사소통을 하며 사는 우리 조상의 지혜를 엿볼 수 있습니다.

지금까지 의식이라는 용어를 많이 사용했습니다. 여기서 의식과 무의식을 굳이 구분한다면 의식의 깊은 곳에 무의식이 있으며, 결국 의식과 무의식은 한바탕입니다. 무의식이 지하수처럼 깊은 곳에서 수맥을 형성하며 흐르는 물이라면 의식은 지상으로 분출한 샘물과 같습니다.

우리가 일상생활을 하면서 학습과 경험에 의하여 받아들인 모든 정보가 마치 비가 땅속으로 스며들듯이, 무의식의 깊은 곳으로 스며들어 잠재해 있다가 어떤 환경에 의하여 의식으로 분출해 올라옵니다.

우리는 흔히 의식적인 행동을 많이 하고 무의식적인 행동은 극히 이례적으로 참선이나 수련을 통해서 행동하는 것이라고 생각하고 있습니다. 그러나 이러한 생각은 잘못입니다. 우리는 일상생활에서 무의식적 행동을 훨씬 많이 합니다.

자율신경의 지배를 받는 우리 몸속의 장기는 무의식적 행동을 하고 있으며, 우리가 걸어 갈 때 팔을 흔들거나 다리로 걷는 행동, 그리고 숨을 쉬고 꿈을 꾸는 행동들은 모두 무의식적인 행동들입니다.

무의식의 세계는 암재계의 숨겨진 질서 속에 모든 우주의 의식과 연결되어 있습니다. 그래서 의식의 깊은 곳, 무의식의 세계에 몰입하면 우리는 시공을 초월한 세계를 경험할 수 있습니다. 대우주는 의식과 무의식의 구분이 없이 하나로 연결되어 있습니다.

명상은 본질적 무의식의 세계로 몰입하여 잠재된 의식을 활성화시켜 의식의 폭을 넓히는 기술입니다. 이것은 공상이 아니라 의식의 활성화 행위입니다. 의식의 활성화를 통해 학습으로 굳어진 사고를 유연성 있게 환원시키고, 우주의 의식과 통합하여 초능력을 발현시키고, 정신적 스트레스 원인의 질병을 치유시켜 삶을 창조해 나가는 것입니다. 경직된 사고는 세계를 부정적 시각 속으로 가두어 우리의 몸과 마음을 속박합니다.

의식과 무의식의 세계를 자유자재로 왕래하여 유연성 있는 사고로 우리의 삶을 창조할 때, 우리는 보다 건강한 마음과 건강한 신체로 삶의 질을 한 단계 높이게 될 것입니다. 양자역학에서 모든 만물은 무의식 속에서 상태의 공존 현상을 보입니다. 이 무의식적 상태 공존에서 관찰이라는 의식행위에 의하여 비로서 우리의 삶이 창조된다고 했습니다.

결론적으로 무의식은 파동형태의 상태공존이며 의식은 관찰에 의한 입자형태의 창조입니다. 우리는 알게 모르게 창조적 삶을 살고 있습니다. 좋은 창조적 삶을 위해 우리는 유연성 있는 긍정적 사고를 가져야 합니다. 이것은 순천자의 길이며 대우주의 사랑을 수용할 수 있는 기본 법칙입니다.

우리의 감정과 정서도 그 출발점은 역시 빅뱅이라고 했습니다.

우주탄생의 아픔과 신성폭발의 비명을 겪으며 생성된 우리 몸의 원소들은 저 광활한 은하세계에서 왔으며, 불꽃놀이처럼 찬란했던 그 은하세계의 여운이 아직도 우리 뼈 속 깊이 새겨져있습니다. 오늘날 밤하늘의 별을 보면 아련한 그리움이 떠오르는 까닭이 여기에 있습니다.

:: 암재계와 명재계

원시시대엔 자연에 순응하며 살 뿐이었습니다. 왜 해가 동쪽에서 뜨고 서쪽으로 지는가, 물은 왜 위에서 아래로 흐르는가, 등등에 대한 아무런 의구심없이 그냥 모든 자연 현상을 있는 그대로 받아들이며 살았습니다. 오히려 천둥치고 벼락치면 두려워 벌벌 떨며 자기가 무엇을 잘 못 해서 자연이 화가 난 것으로 여기고, 제사를 지내며 자연을 달래려고 노력했습니다.

🌴 오아시스 🐪 영혼불멸설 :

선사시대의 고인돌은 그 시대의 씨족장이나 부족장의 무덤입니다. 그 시대엔 사후세계에서도 영혼은 지성과 의지의 힘을 발휘하여 영원히 생존한다고 보고 망자를 위해 순장까지 했습니다.

원시시대 사람들은 4차원의 세계를 보는 영감이 있어 사후세계의 존재를 당연히 알고 살았는지도 모릅니다. 그래서 영혼불멸적인 흔적을 남겨놓았을 것입니다. 왜냐하면, 원시시대 사람들은 자연현상을 가감 없이 받아들이며 살았기 때문입니다. 원시시대의 사람들은 자연숭배는 했지만 사후세계를 관장하는 그 어떤 신도 믿지 않았습니다. 다만 사후세계에 대한 영혼불멸의 개념은 선사시대 유물에서 찾아볼 수 있습니다. 오늘날 각 종파에서 내세우는 신은 인간 문명이 발전되면서 진화된 신입니다. 즉, 자연숭배와 내세관이 도출해서 만들어낸 신입니다.^^

고대 그리스 로마시대 사람들은 인간 문명이 발달하자 이 세상을 천상세계와 지상세계로 나누었습니다. 천상세계는 신이 지배하는 완전한 세계이며 그래서 하늘의 별들이 완전한 원운동을 한다고 믿었고, 지상세계는 인간이 지배하는 불완전한 세계이며 그래서 힘을 가하지 않으면 그 자리에 가만히 있는 정지운동을 한다고 믿었습니다.

수천 년 동안 이러한 자연의 법칙을 당연한 것으로 여겨왔습니다. 아리스토텔레스는 여러 가지 정황으로 보아서 지구가 둥글다는 사실을 알았지만 지동설을 주장하지 않고 천동설을 믿었습니다. 그러다가 코페르니쿠스가 행성들의 불규칙적인 원운동에 의구심을 가지고 관찰한 결과 태양이 지구를 도는 것이 아니라, 지구가 태양을 돈다는 지동설을 발견하였습니다.

🌴 오아시스 🐪 창조주 :

창조주는 우주의 씨에 우주의 진화와 성장정보를 내재시켰습니다. 우리가 자연적으로 이 우주가 탄생하고 운행되고 있다고 말하기엔 지나친 무리입니다. 참으로 파고들수록 수수께끼 같은 세상에 우리는 살고 있습니다.^^

코페르니쿠스의 지동설에 충격을 받은 사람들 중에 브라헤가 지동설을 반박하기 위해 20년 동안 행성을 관측했습니다. 그러나 20년 동안 행성을 관찰한 기록만 남기고 죽자, 그의 친구인 케플러가 자료를 넘겨받아 연구한 결과 지동설을 입증하는 케플러의 법칙을 발견하게 된 것입니다. 그 후 지동설은 과학적 정설이 되었으며, 그 누구도 지동설에 이의를 달지 않게 되었습니다. 그리고 뉴턴이 만유인력을 발견함으로 해서 모든 행성들과 위성들이 태양을 중심으로 도는 이치를 깨닫게 된 것입니다.

위에서 보는 바와 같이, 코페르니쿠스 이전 시대엔 천동설이 과학이었습니다. 지구는 편편하고 해와 달이 지구를 도는 것이 과학이고, 지구가 해를 돌고 자전을 한다는 것은 미신보다도 못한 말도 안 되는 소리라고 했습니다. 케플러가 지동설을 입증하는 법칙을 발견한 이후, 지구는 둥글고 자전하며 해를 돈다는 것이 과학이 되었습니다.

이 세상을 드러난 질서인 명재계와 감추어진 질서인 암재계로 구분할 수 있습니다. 지금 우리가 과학적으로 규명하지 못한 자연현상들은 암재계에 속한 것들이며, 이러한 과학적으로 규명하지 못한 자연현상들이 과학적으로 규명되면 명재계로 편입되는 것입니다.

현재 과학적으로 규명하지 못한 자연현상으로 영혼, 꿈, 텔레파시, 초능력, 염력, 임사체험, UFO, 일상적인 범주 밖의 정신이나 심령현상 등은 암재계의 현상들입니다.

일찍이 데이비드 봄은 이 세상을 구분할 때, 들어난 세상을 명재계라하고 숨겨진 세상을 암재계라 하였습니다. 광대한 숨겨진 세상에서 발현되어 들어나는 것이 명재계라는 것입니다.

지금부터 암재계의 숨겨진 질서를 찾아 여행을 떠나보겠습니다. 먼저 우리가 사는 이 세상이 어떻게 시작되고 어떠한 모습을 하고 있는지 살펴보아야 하겠습니다. 그러므로 해서 우리는 우리가 사는 이 세상을 더 깊이 이해하고, 세상을 바라보는 시각을 달리하여 우리의 삶을 업그레이드시켜 나갈 수 있습니다.

데이비드 봄은 우주에 대한 자신의 홀로그램적인 관점을 1970년대 초 논문으로 발표했고, 1980년에는 《전일성과 감추어진 질서》라는 제목의 저서를 통해 자신의 훨씬 숙성되고 정제된 사상을 개진했습니다.

봄의 놀라운 주장 중의 하나는 우리의 일상 속의 감각적인 현실이 사실은 마치 홀로그램과도 같은 일종의 환영이라는 주장입니다. 그 이면에는 존재의 더 깊은 차원인 광대하고 더 본질적인 차원의 현실이 존재하여, 마치 홀로그램 필름이 홀로그램 입체상을 탄생시키듯이 그것이 모든 사물과 물리적 세계의 모습을 만들어 낸다는 것입니다.

봄은 이 실재의 더 깊은 차원을 감추어진(접힌)질서라고 하고, 우리의 존재차원을 드러난(펼쳐진)질서라고 부릅니다.

봄은 전자를 한낱 물체라고 믿지 않고 전 공간에 펼쳐진 하나의 총체, 혹은 조화체라고 믿습니다. 어떤 장치가 전자의 존재를 탐지한다면 그것은 단지 전자의 조화체의 한 측면이 펼쳐졌기 때문입니다.

한 장의 홀로그램 필름과 그것이 만들어내는 입체상 또한 감추어진 질서와 드러난 질서의 한 예입니다. 필름은 감추어진 질서입니다. 왜냐하면 필름의 간섭무늬로 암호화된 이미지는 전체에 걸쳐 접혀있는 감추어진 총체이기 때문입니다.

필름에서 투영된 홀로그램은 드러난 질서입니다. 왜냐하면 그것은 펼쳐진, 인식 가능한 형태의 이미지를 보여주기 때문입니다. 이것은 또 양자가 어떻게 입자나 파동의 형태로 나타날 수 있는지도 설명해줍니다.

봄에 의하면 두 가지 측면 모두가 양자 조화체 속에 깃들여 있습니다. 다만 관찰자가 그 조화체와 상호작용하는 방식이 어떤 측면이 펼쳐지고 어떤 측면이 접혀 있도록 할 것인지를 결정할 뿐입니다.

홀로그램이라는 말은 일반적으로 정지된 이미지를 나타낼 뿐 매 순간 창조해내는 영원히 살아 움직이는 역동적 우주의 성질을 담아내지 못하기 때문에, 봄은 우주를 홀로그램이라고 묘사하기 보다는 '홀로무브먼트'라고 부르기를 더 좋아합니다.

양자들은 입자와 파동의 이중성을 가집니다. 양자들은 관찰 전엔 파동이지만 관찰 후엔 입자가 됩니다. 의식할 땐 우주(정돈된 환상)이나, 무의식일 땐 혼돈(상태공존)입니다.

봄은 우주를 부분들의 조합으로 보는 것은 마치 간헐천에서 솟아나오는 물줄기를 그 샘물과 분리된 것으로 보는 것만큼이나 터무니없다고 말합니다. 전자는 기본 입자가 아닙니다. 그것은 홀로무브먼트의 한 측면에 붙여진 이름에 지나지 않습니다.

그는 우주의 삼라만상이 단일 연속체의 부분들이라고 말합니다.
궁극적으로는 감추어진 질서와 드러난 질서 그 자체도 서로 하나로
융합되어 버립니다. 사물은 나뉘지 않는 전체의 일부분이면서도
동시에 자신의 고유한 속성을 지닐 수 있습니다.

🌴 오아시스 🐫 홀로그램 우주모델 :

홀로그램 우주모델을 간단히 설명하면 우주는 거대한 홀로그램 투영물입니
다.^^

명 재 계	암 재 계
입자의 세계 … 관찰자의 창조	파동의 세계 … 상태공존
입자상태의 상 = 위치가 있다	파동상태의 광학정보의 상 … 위치가 없다
입자우주 – 물질계	파동우주–의식계
분리 독립	전일성 · 상호연결성 · 침투성
공간성 시간성	초공간성 초시간성
색계 – 환영maya	공계 – 무buraman
2차현실	1차현실

제4장

현세와 사후세계

:: 꿈과 생각

꿈은 무의식의 파동에 잡혀든 외부파동과의 정보교환입니다. 꿈을 꾸거나 생각을 하면 영상이 나타납니다. 이것은 에너지 전자들의 작용에 의해 일어나는 현상입니다. 텔레비전 화면이 전자 활동에 의해 나타나는 현상과 같습니다. 꿈에 어떤 낯선 장소에서 낯선 사람을 만나고 이야기하고 길을 가고… 이렇게 꿈이 꾸어지는 것은, 전자들의 스크린 작업에 의해 영상화된 것입니다.

꿈속의 영상물은 들어난 질서(명재계)에서 일어난 사건도 있지만, 숨겨진 질서(암재계)에서 일어난 사건이 더 많습니다. 우리들이 꿈속에서 만나는 사람들의 8할은 죽은 사람들입니다. 그래서 꿈은 산 자와 죽은 자의 만남의 광장이며, 과거 · 현재 · 미래가 혼재하는 공간입니다.

꿈은 전생의 여운을 현현하기도 합니다. 전혀 가 본적이 없는 곳이 무척 낯 익어 보이는 현상이며, 알 수 없는 사람을 만나 묘한 감정에 사로잡힌다든가 하는 꿈은 전생을 보기 때문입니다.

미래 역시 꿈으로 현현됩니다. 전혀 가 보지 못한 곳이 꿈에 나타나고, 훗날 여행을 와서 보니 그때 꿈이 생각나는 수가 있습니다. 그동안 학습에 의해 길들여진 과학이라는 지식으로 이러한 미스터리한 현상을 대안 없이 부정하는 사회적 관념이 있습니다.

누구나 꿈을 꿉니다. 그것도 생시와 같이 아주 선명한 꿈을 꾸기도 합니다. 그리고 그 꿈이 황당하기도 합니다. 우리의 뇌가 진화되면서 과거의식이 중첩되어 있는 관계로 저 아득한 별나라의 잔영까지도 꿈으로 현현될 수 있습니다. 그래서 꿈은 또 다른 세상입니다. 특히 꿈은 의식(마음)의 행로입니다. 내 주파수에 명재계나 암재계의 사건이 잡혀 들어와 일어나는 자연현상입니다.

꿈은 현실만큼 선명한 세상을 영상화합니다. 그것이 의식과 무의식의 간섭작용으로 퇴색하기 때문에 많은 꿈은 잠에서 깨는 즉시 상실됩니다. 사실 우리는 꿈이란 또 다른 세상을 여행하면서 살고 있습니다. 그리고 그 꿈을 무시하므로 해서 우리는 상당한 생애의 활동과 경험을 상실하고 있습니다.

많은 사람이 저승사자 이야기를 합니다. 특히 임종을 앞둔 환자들은 저승사자가 코 앞에서 대기하고 있다는 등, 횡설수설 하는 이야기를 합니다. 어떤 중환자는 저승사자가 자기를 데리고 가려고 왔는데 뿌리치고 깨어난 경우도 있습니다.

　이러한 이야기는 우리들 주변에서 매우 빈번하지만 이러한 현상을 미신적이라고 무시하는 사람들이 대부분입니다. 꿈은 초기의식 세계 속에서 일어난 사건들이 파동의 간섭무늬로 저장되어 다시 입자의 영상으로 현현되는 자연현상입니다. 여기서 내가 하고자하는 말은 이 세상에 일어나는 모든 사건은 오인이 아닌 한, 자연현상이라는 말입니다.

　우리의 학습적으로 길들여진 유물론적 과학이 명재계의 바탕인 암재계를 더욱 요원하게 만들고 있습니다. 유신론적 과학이 보다 절실하다고 봅니다. 결국 유물론적 과학에 의해 우리는 반쪽의 세상을 살고 있습니다. 아니 더 큰 세상을 놓치고 있다고 봐야 할 것입니다.

　내가 하는 말은 심령학이나 무속학을 공부하자는 이야기가 아닙니다. 우리가 존재하는 세상의 진실을 제대로 알고 살아야 하겠다는 말입니다. 그러한 다차원 세상이 규명되면 이 세상은 좀 더 순화되고 혼돈과 오해를 불식할 수 있지 않나하고 생각해 봅니다. 세상엔 오인된 자연현상은 있어도 미신이라는 것은 없습니다.

　죽으면 그만이라는 유물론적 사고가 이 세상을 더 사악하게 이끌어 나가게 한다고 봅니다. 물질 만능으로 치닫고 있는 현실을 개탄합니다. 그리고 우리들 생명의 보금자리인 지구의 오염과 훼손이 자꾸 심각해지고 있는 이때야 말로 근본적인 변혁이 절실히 요청됩니다.

그러면 상상이나 생각은 어떠한지 봅시다. 여러분이 잘 익은 빨간 사과를 생각해 보십시오. 금방 빨간 사과가 스크린화 됩니다. 이것은 경험적 지식에 의해 사과를 생각 속에 그리게 되기 때문입니다. 꿈과는 차원이 다릅니다.

경험하지 못한 것도 스크린화 할 수 있습니다. 누가 외계 이야기를 아주 그럴듯하게 하면 그 화자의 상상력에 공명하여 새로운 세계를 그려나갑니다. 이것 역시 새로 주입되는 경험의 작용입니다. 오늘 날 수많은 과학자들이 끊임없는 연구를 통하여 아직도 암재계에 묻혀있는 학문적 실험적 가설들을 명재계로 편입시키기 위해 노력하고 있습니다.

:: 영혼과 사후세계

과학자들이 가장 꺼려하는 항목이 바로 영혼과 사후세계 문제입니다. 사후세계의 가장 큰 걸림돌은 우선 육신이 없는 상태에서 영혼이 존재할 수 있을까 하는 문제가 있습니다.

마음은 눈에 보이지 않는 몸에 거처를 두고 있으며 이 눈에 보이지 않는 몸을 정보-에너지 장이라고 합니다. 사람이 죽으면 보이는 육체는 소멸해 갈 것이고 눈에 보이지 않는 육체와 마음이 남게 되는데, 육체의 소멸로 에너지원이 없게 됨으로 보이지 않는 육체와 마음은 유체(흐르는 몸)가 되어, 암재계에서 육체와 연결되어 있던

신성(존재-영)을 핵으로 응집하여 육신을 빠져나갑니다. 이것을 유체이탈이라 합니다.

유체이탈은 접할 수 있는 현상입니다. 유체는 의식을 유지하며 자기조직화 방법으로 우주의 에너지를 공급 받으며 존재합니다. 유체는 얼굴과 몸의 형상만 유지한 채 엷은 푸른빛의 연기 같은 모습으로 하늘로 올라갑니다. 얼굴은 본래 얼의 꼴에서 나온 말입니다. 육신을 빠져나온 혼은 얼굴 모습 그대로 유지합니다.

유체는 오감은 없지만 파동으로 존재하므로 산 사람이 오감으로 세상을 느끼는 것 이상으로 에너지정보 장으로 감지합니다.

🌴 오아시스 🐪 환영과 유령 :

미래에 나타날 자아들은 우리의 환영이며 과거에 남겨둔 자아들은 우리의 유령입니다. 그러므로 우리는 매순간 죽음을 맞이하고 매순간 새로 태어나는 것입니다. 그러므로 우리는 현재의 내세(來世) 속에 살고 있습니다.^^

🌴 오아시스 🐪 얼굴 :

얼굴의 어원은 얼의 꼴입니다. 사람이 죽으면 유체이탈을 하는데 얼의 꼴(얼굴)을 유지하고 눈·코·귀·팔·다리 등이 없이 마치 올챙이 모습같이 보입니다. 얼의 꼴은 나이와 관계없이 한 모습이며, 아주 엷은 연기의 형체로 얼의 에너지는 육신을 빠져나갑니다.^^

신성을 가진 유체는 몇 개의 계층으로 분리됩니다. 맑고 깨끗한 유체는 연기처럼 가벼워 쉽게 천도(天道)가 됩니다. 그러나 탁하고 원한에 사무친 유체는 강한 빛(혼 불)을 가지며 천도를 못하고 구천을 떠돕니다. 원한을 풀기위해 세상에 자주 출몰하거나 빙의 현상으로 나타납니다.

혼 불을 목격한 사람도 많습니다. 이러한 사건은 자연계에 일어나는 현상이지 미신이 아닙니다. 그래서 더욱 더 유신론적 과학으로 규명하여 이 세상의 참 모습을 알고 살아야한다고 생각하는 것입니다.

심령학은 영매를 통해 사후세계(암재계)를 들여다보는 과학이며, 역학은 심령 현상의 사건을 수집하여 통계화한 과학입니다. 예를 들면, 어떤 영적 사건이 일어났다고 한다면 심령학은 영매를 통해 그 사건의 목격담을 얻어내는 것이며, 역학은 통계적인 방법으로 영적사건이 일어 난 배경을 규명하는 것입니다.

이러한 학문들이 공인을 받지 못하고 터부시된 관계로 음성적인 폐단이 발생하고 있음을 알아야합니다. 우리는 주변에 빙의가 든 사람이나 무병을 앓고 있는 사람들을 많이 봅니다. 현대의학으로 치료를 못할 뿐 아니라 그 병의 원인도 찾지 못합니다. 현대의학의 맹점은 모든 질병을 유물론적으로 파악하려는데 있습니다.

이러한 유신론적 사건을 좀 더 공인적인 방법으로 접근한다면 분명 암재계의 한 영역을 명재계로 편입시키게 되고, 평화공존의 초석이 되며 인류건강과 복리의 길이 열릴 수 있다고 확신 합니다.

모든 세계는 넓은 의미로 창조물입니다. 현세는 입자와 파동의 세계이며 에너지가 기하학적 물질에 갇힌 상태입니다. 내세는 파동(무의식)의 세계이며 에너지가 물질에서 해방된 상태입니다. 그러므로 현세와 내세는 모두가 의식의 장(場)입니다. 이 의식의 장에서 산자와 죽은 자가 만납니다.

:: 유물론과 유신론

홀로그램우주 이론에서, 우리 우주에서는 초공간적 초시간적으로 초광속교신이 일어나며 우주는 하나로 통일되어 있는 유기체라고 했습니다. 그러므로 암재계와 명재계가 따로 있는 것이 아니라고 했습니다. 이미 모든 사건의 정보는 초공간적, 초시간적으로 공유하고 있다고 했습니다.

🌴 **오아시스** 🐫 **초광속통신 :**

1982년 물리학자 아스펙트는 아인슈타인이 불가능하다고 선언한 초광속 교신이 일어났거나 두 광자가 초공간적으로 상호 연결되어 있음을 의미하는 실험에 성공했습니다. 아스펙트의 실험은 일반적으로 두 개의 광자 사이의 연결성이 초공간적임을 사실상 증명한 것으로 받아들여져 이 양자계의 초공간성은 자연계의 보편적인 성질로 말해지고 있습니다.

아스펙트의 발견은 봄의 우주모델이 옳음을 입증해주지는 않았지만 엄청난 뒷받침을 해주었습니다. 사실 봄은 자신의 이론을 포함한 어떤 이론도 절대적으로 옳다고 믿지는 않았습니다. 단지 모든 것이 진리의 근사치일 뿐이며 무한하고 분할할 수 없는 영역에 발을 디딜 때 사용하는 한정된 지도일 뿐이라고 했던 것입니다.^^

천신기를 수련한 사람은 엘로드로 암재계의 단편을 엿볼 수 있습니다. 예를 들어, 돌아가신 조상이나 친지를 호출하여 영계의 현황을 질문법으로 탐구할 수 있습니다. 이것은 전일성의 우주법칙에 따른 영혼과 대화방법입니다. 예를 들어 보겠습니다.

🌴 오아시스 🐪 엘로드 :

엘로드(L-Lod)는 수맥이나 명당을 탐사하는 기억자형 도구입니다. 이 도구는 인간의 퇴화된 송과체를 대신해서 우주의 에너지정보 장을 읽어냅니다.^^

먼저 촛불과 향을 피웁니다. 그리고 다음과 같이 지방을 씁니다.
고(故) 홍 선생 영, 홍길동의 부(父)
"창조주시여, 창조주시여, 창조주시여, 홍길동이의 부친 고 홍 선생의 영을 모시고자 하옵니다. 홍 선생의 영을 불러 주시옵소서."
엘로드로 영이 왔는지 확인합니다.
"고 홍 선생의 영입니까?"
엘로드가 X로 반응합니다. 맞다는 신호입니다.
"영계에서 편히 지내십니까?"
엘로드가 반응 없으면 불편하다는 의미입니다.
"음택이 불편하십니까?"
엘로드가 X로 되면, 그렇다는 뜻.
"음택에 수맥이 있습니까?"

엘로드가 X면 수맥으로 불편 하다는 뜻.

"또 불편한 점이 있습니까?"

X면 또 불편한 것이 있다는 뜻.

"자손이 제사를 잘 안 모십니까?"

X면 그렇다는 뜻.

"장손이 잘 못 합니까?"

엘로드가 반응 없으면 아니란 뜻.

"셋째 자식이 문제입니까?"

엘로드가 X면 그렇다는 뜻.

....

이렇게 질문법으로 영과 대화를 하면 영계의 일면을 들여다 볼 수 있습니다. 여기서 더 비약하면, 영과의 대화로 영계를 추상할 수 있습니다.

이러한 논법을 기술하다 보면 과학이란 잣대를 들고 나와 격심하고도 반감적인 심정으로 반박하는 사람들이 있으리라고 생각합니다. 그러나 영을 불러 질문법으로 대화가 이루어지는 것이 사실이니, 있는 현상 그대로를 말씀드릴 뿐입니다.

또 한 방법으로 최면 혹은 명상을 통해 전생을 보거나 사후세계를 볼 수 있습니다. 인간의 의식 속에는 과거·현재·미래의 프로그램이 있습니다. 전생이나 사후세계의 프로그램을 재생시킴으로 해서 죽은 자와 미팅이 가능합니다. 현재로서는 이러한 현상을 사실로 받아들일 근거가 없지만 부정할 근거도 없습니다. 의식계의 연구가 더 진행되면 언젠가는 이러한 사후세계나 전생이 규명될 것입니다.

무속인은 귀신을 영접하기도 하고 퇴치하기도 하며 귀신과 대화도 합니다. 그리고 우리의 생활 주변에 귀신이 사람 수 만큼이나 많이 있으며 그중 일부는 사람에게 붙어 해코지를 하는 귀신도 있습니다. 어쨌든 귀신은 자연현상입니다.

엘로드로 영계를 들여다보거나 꿈으로 죽은 자와 만나거나 최면이나 명상으로 전생을 간다거나 하는 것은 모두 무의식의 파동의 장에서 공명하기 때문에 가능한 일입니다.

과학이 자연현상을 규명하는 학문이라면 유물론이나 유신론의 모든 현상을 다 규명하는 것이 원칙인데, 유물론은 엄청난 발전을 해온 데 반해 유신론은 오히려 터부시되고 있으니 유신론적 자연현상은 그냥 버려두어도 되는 것인지 반문하고 싶습니다.

사실 우리 과학이 유물론 지상주의가 된 것은 불과 3백년밖엔 되지 않았습니다. 뉴턴 이전엔 유신론적 과학이었습니다. 그래서 천상은 신이 지배하는 원운동의 완전한 세계이고, 지상은 인간이 지배하는 정지 운동의 불완전한 세계라고 했습니다.

그러나 코페르니쿠스의 지동설에 의해 고대과학은 무너져버렸습니다. 신이 거처할 곳이 없어진 것입니다.

고대과학에서 천상은 신의 나라로 생각했습니다. 특히 아폴로 우주선이 달을 탐사한 이후 신의 거처뿐만 아니라 신의 존재 자체가 의심받게 되었습니다.

이제 현대과학의 이론적 구축을 기반으로 유신론적 과학도 규명해 나갈 채비를 해야 한다고 봅니다. 의학적으로도 유물론적 치료만 가지고 우리의 건강을 보장할 수 없다는 사실을 깨닫고 있습니다.

아무 신체적 이상이 없어도 알 수 없는 질환에 시달리는 사람이 많다는 것도 사실입니다. 더욱이 스트레스에 의한 마음의 불편이 결국 신체의 질병으로 진화된다는 것도 현대의학에서 모두 인정하는 사실입니다. 스트레스는 만병의 원인이라고 말하는 것도 신체적 치료 이전에 심적 안정이 중요하다는 사실을 의미합니다.

이렇게 현대의학도 유물론적인 치료의 한계를 느끼고 심신 치료에서 더 나아가 심령치료까지 범위를 넓히고 있습니다. 의료 뿐 아니라 다양한 측면의 분야에서도 새로이 유물론적 관점과 유신론적 관점이 모두 정립되어야만 합니다.

결론적으로 과학의 근본적인 구조조정의 필요성이 있다는 것입니다. 현재로서는 실재의 알려지지 않은 측면들을 탐사하기 위한 최선의 도구는 과학입니다. 하지만 인간 존재의 심령적, 영적 차원에 대한 설명에 이르면 과학은 늘 자신의 무능력을 노출해 왔습니다. 만일 과학이 이 분야에서 더 진보하려면 분명히 근본적인 구조조정을 거쳐야만 합니다.

생각을 영상으로 잡는 기술이 개발되었으므로 이를 이용하여 무속인들 내면의 존재와 대화를 통해 사후세계 포착이 가능합니다. 또한 동물의 의식세계도 관찰이 가능하며 생태계의 깊은 의식구조가 표상으로 들어남으로 유신론적 과학 분야가 크게 확장될 것입니다.

🌴 오아시스 🐫 시간의 장(場) :

시간은 획득과 상실의 장입니다. 시간 안의 삶은 환영이며 시간 밖의 삶은 실재입니다. 시간 안은 물질적 공간이므로 상실을 피할 수 없습니다. 시간 밖은 영혼적 공간이므로 영원의 길입니다. 그러므로 죽음은 축복입니다. ^^

제5장

현대물리 이론

많은 물리학자들이 양자역학을 연구하는 과정에서 미시세계의 양자들, 즉, 우주만물의 근본 질료들의 특이한 현상을 보이고 있음을 발견했습니다. 그래서 1926년 슈뢰딩거는 고양이역설(상태공존), 하이젠베르크는 불확정성의 원리(확률해석), 1927년 닐스 보어는 상보성원리(동전의 앞뒤를 동시관찰 불가), 1965년 벨은 부등식, 1982년 아스팩트는 비국소성 원리와 같은 여러 학설들을 발표했습니다.

양자론과 상대론을 두 축으로 하는 현대 물리는 상당히 난해하여 이해하기가 쉽지 않습니다. 그래서 좀 쉬운 방법으로 기술하려 노력하였으나 이 또한 쉽게 접근하기는 역부족인 것 같습니다. 그러나 과학시대를 사는 현대인으로서 대략적인 개념은 이해하고 살아야 한다고 봅니다. 소위 현대인으로서 기본적인 소양을 갖추기 위한 지식이라고 생각하면 됩니다.

유물론적 과학에 의해 우리는 이 세상을 편파적이고 왜곡되게 알고 살아갑니다. 매우 불행한 일이 아닐 수 없습니다. 여기서 벗어나기 위해서는 과학을 너무 학습적 습득이라는 목표에 얽매이지 말고 큰 테두리로 이해만 하면 될 것입니다.

마치 자동차의 구성 원리와 부품의 역할을 잘 몰라도 자동차를 운전하고 가면 되듯이 그냥 읽고 큰 틀만 이해하면 된다는 말입니다. 우리가 사는 세상의 참 모습을 제대로 알기 위해 지금까지 여러 물리학자들이 연구한 자연법칙을 이해하는 것이 매우 중요합니다.

간단히 현대 물리의 두 축을 설명하면, 상대론은 아인슈타인이 수립한 이론이며 시간의 진행이 느려지거나 공간이 휘어진다는 것을 밝혀내는 우주무대에 해당되는 시공간의 이론입니다. 반면 양자론은 톰슨을 비롯한 많은 물리학자들이 공동으로 수립한 이론으로 우주무대에서 활약할 배우들인 전자나 빛 등의 성질이나 움직임을 연구하는 이론입니다.

다시 말해, 상대론은 시간과 공간이라는 자연계의 무대에 관한 이론인 반면에, 양자론은 그 무대에서 활약하는 전자 등 자연계의 배우에 관한 이론이라는 뜻입니다.

우주는 홀로그램 운영체계를 채용했습니다. 전자 파동의 간섭무늬에 의식을 투영시켜 관찰에 의한 미망(maya)이 창조(baro)되도록 했습니다. 마야는 일체인 의식을 분화시켜 대상이 나와 차별되어 보이게 하며 우주 속의 삼라만상으로 분리되어 있는 것으로 보이게 합니다.

어찌 보면 우리는 무에서 우주의 씨를 통해 이 세상에 현현된 환영이며 삼라만상으로 분화된 착각 속에 존재하는 미망입니다. 다시 말해 근본은 하나이며 우리 모두는 무(無)라는 뜻입니다.

:: 엔트로피

엔트로피란 물리학의 열역학 분야에서 사용되는 용어입니다. 그러나 지금은 물리학 이외의 많은 분야에서도 사용되고 있습니다. 엔트로피란 도대체 무엇이며 이는 어떻게 진화나 생명과 연관되는지를 살펴보도록 합시다.

🌴 **오아시스** 🐫 엔트로피 :

엔트로피란 물리학에서는 물체의 열역학적 상태를 나타내는 양을 말하며, 정보이론에서는 정보 전달의 효율을 나타내는 양을 말합니다.^^

엔트로피법칙은 독일 물리학자 클라지우스(Clausius)가 1865년에 발표했으며, 그 후 영국 물리학자 아서 에딩턴(Arthur Eddington)이 우주전체의 형이상학적 법칙으로 이 엔트로피 법칙을 제시했습니다.

엔트로피법칙은 열역학 제2의 법칙이라고도 합니다. 열역학 제1

의 법칙은 "우주에 있어서 물질과 에너지의 총량은 일정하며 결코 새로 생기거나 소멸되는 일이 없다. 그리고 물질은 그 형태만이 변화하며 본질은 변하지 않는다." 즉, 에너지 보존의 법칙입니다.

반면, 열역학 제2의 법칙은 "물질과 에너지는 한 방향으로만 진행한다. 다시 말해, 사용할 수 있는 형태로부터 사용할 수 없는 형태로, 혹은 질서화된 상태로부터 무질서화된 상태로 변한다."는 법칙입니다.

어떤 계의 엔트로피는 그 계에 유입된 열량을 온도로 나눈 것으로 정의됩니다. 그러나 20세기에 와서 사람들은 이 엔트로피라는 양이 보다 일반적인 개념으로 사용될 수 있다는 것을 깨닫게 되었습니다. 엔트로피가 정보라는 개념과 연관이 있다는 사실을 알아차린 것입니다.

정보이론에 의하면 엔트로피란 부의 정보 혹은 마이너스 정보입니다. 즉, 정보를 적게 가지고 있을수록 엔트로피는 크게 되며, 정보를 많이 가지고 있을수록 엔트로피는 적은 것이 됩니다. 엔트로피는 부(負)의 정보이므로 무지(無智)의 정도이기도 하며, 또한 혼란의 정도를 뜻하기도 합니다. 다시 말해서 우리가 어느 계에 대하여 잘 알지 못한다든가 그 계가 질서정연하지 않다면 엔트로피는 커지게 됩니다.

열역학 제2법칙은 '엔트로피 증가의 법칙' 이라고도 불립니다. 이 법칙의 내용은 닫힌 계(界)의 엔트로피가 감소하지는 않는다는 것입니다. 이를 엔트로피의 정보적인 측면과 연관시켜 간단한 예에 적용시켜 봅시다.

가령 마당에 낙엽이 흩어져 있는 경우와 한 군데에 모여 있는 경우를 생각합시다. 나뭇잎의 위치에 대한 정보량은 나뭇잎이 한 군데에 모여 있는 경우가 흩어져 있는 경우보다 큽니다. 이와는 반대로 엔트로피는 부(負)의 정보이므로, 나뭇잎이 흩어져 있는 경우의 엔트로피는 나뭇잎이 모여 있는 경우보다 큽니다.

그리고 열역학 제2법칙에 의하면 닫힌계의 엔트로피는 증가합니다. 따라서 외부에서 낙엽을 한 군데로 쓸어 모으는 것과 같은 어떤 일을 해주지 않는 한, 엔트로피가 큰 상태에 해당되는 흩어져 있는 낙엽이 엔트로피가 작은 상태인 한 군데로 모이는 일이란 일어나지 않습니다. 이는 외부와 단절된 경우에 해당하므로 물리학에서는 이러한 계를 닫힌 계라고 부릅니다.

이를 생명 현상과 연관시켜 보면, 생명체란 대단히 질서 정연한 조직이어서 고도의 정보를 지닌 계이며 따라서 엔트로피가 아주 작은 계입니다. 이와는 달리 생명체가 죽고 나서 신체의 구성 요소가 사방으로 흩어지게 되면 엔트로피는 증가하게 됩니다.

이와 관련하여 생명의 진화라는 과정이 과연 물리적으로 모순이 없는 것인가 하는 질문이 가능해 집니다. 생명체가 아주 엔트로피가 작은 계라면, 덩치가 큰 생물은 덩치가 작은 생물보다 엔트로피가 작은 부분을 더 많이 가지고 있다고 볼 수 있습니다. 그런데 원시 생명에서 고등 생명으로의 진화 과정은 대체적으로 생물체의 몸집이 커지는 과정입니다. 그렇다면 진화의 과정은 엔트로피가 축

소되는 과정이라고 볼 수 있는데, 이것이 어떻게 열역학 제2법칙과 양립할 수 있는가 하는 것이 문제가 됩니다.

그런데 만일 진화의 과정이 엔트로피가 감소하는 과정이어서 불가능한 것이라면, 어린 아이가 어른으로 자라나는 것도 역시 같은 이유로 불가능하여야 합니다. 이러한 문제 제기는 하나의 생명체만을 관찰하는 데서 생기는 오류입니다.

어린 아이나 진화하는 생명체는 결코 닫힌 계가 아니라 외부에서 끊임없이 에너지가 공급되는 열린 계입니다. 영양분을 섭취하여 에너지를 얻고 노폐물을 배설하는 생명체는 결코 닫힌 계가 아닙니다.

비로 쓸어 모으는 것과 같은 어떤 외부 작용에 의하여 한 군데에 모여 있는 낙엽과 같이, 생명체란 외부에서 에너지를 공급받으면서 엔트로피가 높은 상태를 유지하는 계입니다. 그럼에도 생명체를 닫힌 계라고 생각한다면, 진화가 불가능하다거나 어린아이가 자라지 못한다는 불합리한 상황에 빠지게 됩니다.

이상의 논의는 일면적인 고찰만으로는 사물에 대한 완전한 이해가 불가능하다는 것을 우리에게 시사해 줍니다. 생명을 비롯한 일체의 사물은 다른 사물과의 연관, 다시 말하면 끝없는 연기의 망 안에서 존재합니다. 그러한 연기의 고리를 다 끊어 놓고 하나의 개체만을 들여다본다면, 그 안에서 생명의 전 존재는 결코 드러나지 않습니다.

우주의 모든 것이 체계와 질서로부터 시작하여 끊임없이 혼돈과 황폐를 향해간다고 말합니다. 즉, 모든 엔트로피는 끊임없이 증대합니다. 그런데 엔트로피가 가장 커졌을 때를 "열평형상태" 또는

"열 사망상태(heat death)"라고 하며, 이때를 우주의 완전한 무질서 또는 종말로 봅니다. 물리학자들은 엔트로피법칙에 의거하여 우주의 종말을 필연적으로 예견합니다.

그런데 현대생물학에서는 동물들을 포함한 모든 생명체는 공통적으로 엔트로피가 감소하고 질서가 증대되는 특이한 현상을 낳고 있다는 사실을 알게 되었습니다. 엔트로피가 감소되고 질서가 증대된다는 것은 엔트로피의 일종의 기억현상을 의미합니다. 그래서 현대에 와서는 생명체와 엔트로피에 대한 새로운 연구가 이루어지고 있습니다.

"모든 엔트로피는 끊임없이 증대한다."는 열역학 제2의 법칙은 뉴턴 물리학에서 무생물의 에너지원에 초점을 맞춰 만들어진 것임을 알게 되었습니다. 엔트로피의 개념은 단순히 양만 지닌 죽은 물질을 다룬 것이므로, 살아 있고 재생 가능하며, 흐르고 있는 에너지 환경에 대해서는 완전히 부적합한 패러다임이라는 것입니다.

여기에 대해 새로운 패러다임을 제공한 사람이 일리아 프리고진인데, 그는 '분산성구조의 이론(Dissaptive Structures)'을 바탕으로 살아있는 에너지원의 처리에 편리한 근거를 제공하여 뉴턴의 법칙과 비교될 만한 변혁적인 타결을 내놓았습니다.

비평형열역학에서 프리고진의 연구는 1977년 노벨화학상을 받게 했는데, 그로인해 재생 불가능한 에너지원으로부터 재생 가능한 응용분자생물학으로 체계가 바뀌어가는 추세가 되었습니다. 즉, 모든 생물과 일부 생물을 분산구조에 해당한다고 보는 분산구조의 이론은 증대되는 생물학적 복잡성에 긍정적 가치를 부여하고 살아 있는 물질을 새로운 골격으로 하여 꾸준하게 질서 잡는 일에 중요성을 둡니다. 이러한 패러다임을 중요시 하는 사람들은 이 세계를 산업적 기계로 보는 것에서 공학과 손잡은 유기체로 보는 것으로 옮겨가고 있습니다.

엔트로피 증가량이 감소량 보다 많기 때문에 결국 인간은 죽는다고 했으며, 엔트로피 증가량과 감소량이 일치하면 죽지 않고 영생한다는 것입니다. 명상은 에너지의 낭비를 줄이는 작업입니다. 인간이 생존에 필요한 최소한의 에너지만 소비할 때 무아(無我)에 몰입할 수 있습니다. 불필요한 에너지 소모는 혼란과 무질서가 되어 인류을 그르칩니다.

우주와 생명체의 모든 현상이 에너지와 연관되어 있습니다. 에너지는 질서나 생명력입니다. 엔트로피는 카르마(업)이며, 엔트로피 증가는 업(業)의 증가입니다. 오늘날 무질서와 혼란은 개체 및 우주의 카르마가 거의 포화상태가 되었음을 의미합니다. 이는 세상의 멸망이 필연적으로 다가오고 있다는 의미입니다.

세상을 멸망으로부터 구해 낼 유일한 구원책은 인간이 스스로 카르마를 감소시키기 위한 수행을 하는 것입니다. 우주와 생명체는 서로 연결된 유기체이므로 인간이 엔트로피 감소를 위한 수행을 하면 그 노력이 전 우주에 파급되어 세상의 종말을 면할 수 있습니다. 업장소멸의 경지엔 생기가 왕성하며, 이 생기는 우주를 정화시킬 수 있는 감로수(甘露水)입니다.

우주의 씨, 동식물의 씨, 기타 모든 씨는 에너지와 정보를 담은 절대 제로 엔트로피입니다. 이러한 엔트로피 제로상태의 씨들이 발아하면 엔트로피가 커지고 복잡해집니다.^^

:: 스칼라 퍼텐셜(Scalar Potential)

그렇다면 물질이란 무엇일까요? 물질은 결국 에너지의 소용돌이입니다. 단, 자유로운 상태에서 곧 흩어지고 마는 에너지가 아니라, 안정된 형태의 운동을 통해서 지속성을 가지고 일정 형태 속에 가두어진 에너지 상태라 할 수 있습니다.

어떤 형태로 가두어진 에너지는 그 형태가 가장 편한 상태의 에너지 모양입니다. 모래성을 쌓으면 피라미드처럼 위가 좁고 아래가 넓은 형태가 됩니다. 이것은 모래라는 물질 에너지가 가장 편한 상태를 취한 까닭입니다.

빛은 전자기파입니다. 이것은 풀려난 에너지입니다. 물질 형태를 취하지 않은 에너지입니다. 그러므로 빛이 안정된 운동 상태에 가두어졌을 때나 결정화되었을 때 그것을 '물질'이라고 합니다. 하위계의 물질일수록 더 구조화되고 더 결정화됩니다. 따라서 더 고정적이고 굳어진 상태의 에너지라고 한다면, 그에 비해서 상위계의 질료는 상대적인 힘, 또는 빛이라고 부를 수 있을 것입니다.

빛이 상위계의 질료, 또는 상위계의 힘이라고 하는 푸루커의 주장도 힘과 질료의 이런 관계를 언급한 것입니다.

물질이 내적인 에너지가 외부로 표현된 것에 불과하다는 이러한 개념은 스칼라 전자기학이라고 부르는 다소 진보적인 물리이론에서 그 동일한 맥락을 찾아볼 수 있습니다. 토마스 베어든 등이 옹호하고 있는 이 이론은 전자기 현상의 일차적인 원인을 스칼라 퍼텐셜이라고 하는 정전기(靜電氣)적인 개념에 두고 있습니다.

고전 물리이론에서 에너지의 합이 제로로 나타나는 영점(零點)은 존재의 측면에서도 실제로 아무것도 없는 제로의 상태를 나타내는 것으로 해석하지만, 스칼라 전자기학에서는 각각의 영점이 비록 겉으로는 제로로 나타나더라도 내부적으로는 다를 수 있다고 이해합니다. 즉, 영점은 그냥 영점이 아니라 내부의 하부구조를 가지고 있는 실재적인 것이며, 다만 하부구조의 에너지 총합만 외부적으로 볼 때 제로로 나타날 뿐이라는 것입니다. 잠재되어 있는 이 내부 에너지가 스칼라 퍼텐셜입니다.

고전적인 전자기학은 전자기 현상의 일차 원인을 전자기 장에 두고 있는데, 스칼라 전자기학에 따르면 실제로 존재하는 것은 전자기 장이 아니라 퍼텐셜(위치는 있으나 방향성이 없는 에너지)이며, 이 퍼텐셜은 가상입자의 흐름으로 구성되어 있습니다. 퍼텐셜은 어떠한 조건이 되면 외부로 현현(하전)하게 되는데, 전자기 장은 스칼라 퍼텐셜이 겉으로 나타난 이차적인 효과일 뿐이라고 볼 수 있습니다.

스칼라는 본래 벡터, 즉, 위치와 방향성 모두를 가진 에너지와 반대되는 수학적 개념입니다. 벡터가 크기와 방향의 성분을 가지고 있는 물리량이라면, 스칼라는 방향성 없이 오직 크기만을 가진 물리량을 나타낼 때 쓰는 말입니다.

스칼라 퍼텐셜이라고 할 때의 이 퍼텐셜은 사실은 스칼라 장을 말하는데, 정전기적인 개념으로 볼 때에는 스칼라적인 양이라고 해석할 수 있습니다. 그러나 본질적인 측면에서 보았을 때의 스칼라 퍼텐셜은 전혀 스칼라가 아니며, 오히려 다중 벡터의 특성을 가지고 있습니다. 각각의 시스템들은 여러 개의 벡터들로 이루어져 있지만, 그 합은 모두 제로가 되어 마치 스칼라인 것처럼 보이는 것과 같습니다.

다중 벡터, 즉, 다중 전자기파로 채워진 공간의 에너지 밀도 합이 스칼라 장을 형성합니다. 다시 말하면, 스칼라 퍼텐셜은 다중 전자기파의 집합이며 이 전자기파들이 차지하고 있는 공간의 에너지 밀도가 스칼라 퍼텐셜의 크기이고, 스칼라 퍼텐셜 자체가 아니라 에너지 밀도의 집합이 스칼라 장을 이루게 됩니다.

이처럼 스칼라 전자기학은 과거 우리가 비어 있다고 생각했던 진공이 사실은 잠재적인 퍼텐셜로 꽉 차 있다고 봅니다. 하지만 안정된 상태일 때 퍼텐셜의 합이 제로여서 우리는 아무것도 없다는 환상을 갖게 됩니다.

이 안정된 상태가 정전기적인 스칼라 퍼텐셜의 가상 상태(virtual state-입자가 단시간에 소멸되어 확인이 어려우나 확실히 실재하는 상태)로 알려져 있는데, 이 가상 상태는 현대 물리학에서도 매우 친숙한 개념입니다. 가상 입자들의 요동은 이 가상 상태 또는 스칼라 하부구조의 활동으로 인한 것입니다.

따라서 외부의 물리적인 방법으로 관찰할 수 없는 이 내부 에너지인 스칼라 퍼텐셜은, 비록 외부 세계에 대해서는 일종의 가상 상태로 비쳐지지만, 어떤 고정적으로 압축되고 구조화된 하부구조 내부의 끊임없는 변화들인 셈입니다. 게다가 이 가상 상태는 그 자신보다 더 높고 더 안쪽에 위치하는 또 다른 가상 상태들로부터 현현합니다. 말하자면 스칼라 전자기학은 다중에 걸친 '진공'의 내부구조를 인정하고 있는 것입니다.

마찬가지로 빛은 아인 소프(Ayin-sof)의 잠재 에너지(또는 공의 에센스)가 한 점으로 응축된 초점입니다. 이 초점은 외부에서 볼 때는 하나의 점에 불과하지만, 초점의 내부에는 무한한 에너지를 담고 있습니다. 이 에너지가 안정된 형태로 가두어진 것이 물질에 내재된 엄청난 에너지이며, 또한 벡터 성분을 가진 빛 에너지들의 합계인 스칼라 퍼텐셜입니다.

여기서 잠시 아인 소프(Ayin-sof)라는 말을 설명하고 넘어가야 하겠습니다.

아인 소프라는 말은 무한(無限)으로 번역되어집니다. 즉, 아인은 무(無), 소프는 한계 또는 끝을 말하는 것입니다. 이 말은 카발리즘의 신에 대한 명칭으로 이해를 초월한 전체적 통일체를 상징합니다.

아인 소프 안에는 모든 대대물(對對物)들이 하나를 초월한 하나로 차이가 있을 수 있다는 것조차 전혀 인식하지 못한 채 존재하고 있습니다. 카발리스트들의 마음속에서 아인 소프는 무로, 존재하지 않으며, 측정할 수 없고, 존재 또는 비존재라는 용어로도 전혀 논의되어질 수 없습니다.

아인 소프는 결코 인간적 경험의 일부분이 아닙니다. 따라서 이성적 존재로서 우리는 그것의 존재에 대한 논의를 시도할 수조차 없습니다. 하물며 그의 비존재에 대하여는 말 할 것도 없습니다. 그것은 이해를 초월한 그 무엇이기 때문에 또한 분류할 수 있는 것도 아닙니다.

우리가 최대한도로 말할 수 있는 것은 그것이 비존재로 존재한다는 정도입니다. 만일 우주의 물질체인 태양 혹성들이나 태양계를 나무에 비유한다면, 아인 소프는 나무의 수액이라고 할 수 있을 것입니다. 심지어 이러한 비유조차 적절한 말이 아닙니다. 오히려 우리는 이 나무의 수액이 아인 소프라고 불리는 이 힘, 이 영적인 비존재의 탈이라고 말하는 편이 더 옳을 것 같습니다.

이렇게 계속되는 길을 따라가다 보면 우리는 그의 본질에 대한 기본 개념인 무(無, nothing) 또는 공(空, no-thing)에 도달하게 됩니다. 그러나 이것조차 옳은 말은 아닙니다. 왜냐하면 사람은 무가 아닌 태극이며 세상 만물의 산물이기 때문에 무 또는 공으로 이해될 수 없기 때문입니다.

사람은 어느 수행보다도 효과가 빠른 태을주 수행을 통해 공(空)을 이해하고 인식할 수 있으며 그 마음을 단련시킬 수 있습니다.

그런데 우리는 스칼라 퍼텐셜의 다중 벡터가 안정된 형태를 취할 수 있다는 사실로부터 물질의 내부구조가 기하학과 밀접한 관련이 있으리란 추측을 해 볼 수 있습니다. 지속적으로 운동하고 변화하는 벡터성분이 어떤 일정한 운동 형태를 따르지 않는다면, 그 물질의 안정성은 금방 붕괴되고 결국 자유로운 상태의 에너지로 흩어져 버리고 말 것이기 때문입니다.

사실 물질의 특성은 형상을 가진다는 것입니다. 형상은 곧 기하입니다. 그러므로 모든 물질이 기하학적인 속성을 가지고 있다는 것은 너무나 당연한 이야기이며, 여기에 이의를 달 사람은 아무도 없습니다. 하지만 잘 생각해보면 기하의 중요성이 사람들로부터 제대로 인식 받지 못하는 것 같습니다.

흔히 기하를 물질이 만들어내는 외형적인 결과물이라고 생각하기 쉽습니다. 예를 들면, 주사위는 육면체를 만들고 커피 잔은 원형을 만들며 창틀은 사각형을 만들고 축구공은 구형을 만듭니다. 나머지는 이러한 기하학적 요소들의 조합입니다.

그러나 기하는 물질의 부수적인 속성이나 결과가 아니라, 물질의 직접적인 원인입니다. 앞에서 물질을 결정화된 빛이라고 하였는데, 빛이란 찰흙같이 어떠한 정적인 개념의 질료가 아닙니다. 동적인 에너지가 정적인 물질로 되었을 때는 그 과정의 밑바탕에 본질적인 기하의 원리가 작용하고 있음을 알아차려야 합니다. 이러한 기하는 에너지의 모형이며 의식의 꼴입니다.

기하가 없다면 물질도 없습니다. 왜 고대의 현인들이 '신은 기하학자'라고 가르쳤겠습니까? 기하학은 결코 거시세계에서만 통용되는 학문이 아닙니다. 아원자 세계의 기하학, 그 신비한 세계로 들어가 봅시다.

데이비드 봄의 양자론 중에 아로노프-봄 효과(Aharonov-Bohm Effect)라는 것이 있는데 이것은 마치 러시아 인형처럼 전자기파 내부에는 그 보다 더 미세한 에너지인 양자 장 에너지가 존재하고, 양자 장 에너지 내부에는 이보다 더 미세한 에너지인 영점 장 에너지가 존재한다는 이론입니다. 여기서 양자 장 에너지를 흔히 스칼라 에너지 혹은 스칼라파라고 부르며, 영점 장 에너지는 우주의 허공을 충만하고 있는 에너지입니다.

스칼라 파는 고도의 질서를 가진 파동이기 때문에 이것을 인체에 쪼여주면 마치 에너지가 높은 데에서 낮은 데로 흐르듯이 고밀도의 스칼라 파가 병이 있는 곳으로 흐르게 되어 질병의 종류에 관계없이 질병을 치료할 수 있는 것으로 알려져 있습니다. 이것은 마치 영구 자석이 자신보다 강한 자장을 만나면 그 극성이 바뀌는 이치와 같습니다.

여기서 창세기를 인용하여 우주의 구성을 살펴보면, 혼돈은 잠재된 현현(창조) 이전의 우주의 모습이고, 물은 원초적 질료이며, 영(의식)은 바람 혹은 공기입니다.

"땅이 혼돈하고 공허하며 흑암이 깊음 위에 있고 하나님의 영(의식)이 수면 위에 운행하시니라. 하나님이 가라사대 빛이 있으라 하시매 빛이 있었고,"

(창1;3)

우주의 첫 번째 현현한 것이 빛(영=의식)입니다. 물질은 결빙된 빛입니다. 빛의 파장은 황금나선의 전하(Charge)인 소립자(의식체)입니다. 이러한 창세기 우주의 생성과정에서 고대 그리스의 4원소를 이해할 수 있습니다.

물은 공간을 가득 채운 에테르이며, 바람은 영(의식), 불은 빛(에너지-질료)이며, 흙은 물질(만물)입니다. 이 4원소가 상호 작용하여 우주를 창조한다고 고대 그리스 과학자들은 생각했습니다. 놀랍게도 현대물리학에서 에너지가 근본 질료라고 보는 양자역학적 우주론과 그 원리를 같이 합니다.

에너지가 안정된 형태로 가두어진 것이 물질이며, 물질에 내재된 엄청난 에너지 또한 벡터 성분을 가진 빛 에너지들의 합이 스칼라 퍼텐셜, 즉, 다중 벡터입니다.

물질의 특성은 기하(형상)이며, 기하는 물질의 직접적인 원인입니다. 동적인 에너지가 정적인 물질로 됐을 때 그 과정의 본질적인 기하의 원리가 작용하고 있습니다. 그래서 신은 기하학자라고 합니다. 또한 우주 만물은 소립자로 출발한 의식체입니다.

:: 입자와 반입자

이제 우리는 양자론에서 입자물리학을 살피면서 우리가 사는 이 세상의 구체적인 모습을 관찰해 봅시다. 그냥 재미로 읽는다고 생각하면 됩니다.

① 모든 입자들은 그 반대인 반입자가 있습니다.

입자와 반입자는 쌍생성 쌍소멸 합니다. 이 사실은 현재 실험실에서 완벽하게 확인되고 있습니다. 그러나 현재 우주에 존재하는 반입자는 전혀 없습니다. 모든 입자에는 반입자가 있는데 그 반입자들은 모두 어디로 갔을까요?

우주의 모든 입자들은 에너지로부터 생겨났습니다. 입자나 반입자는 빛(광자)이 두 개 충돌하여 반드시 쌍으로 생겨납니다. 따라서 초기 우주에는 완전히 같은 수의 입자와 반입자가 있었습니다.

입자가 반입자보다 더 많게 된 이유는 인플레이션이 일어나면서 생겨난 우주의 상전이(相轉移) 때문입니다. 물이 얼어 얼음이 될 때 표면이 일정하지 않고 금이 간 경우가 많이 있습니다. 이와 같이 우주도 강력과 같은 힘이 분리되면서 상전이가 일어나는데, 이때 입자와 반입자의 개수가 달라집니다. 즉, 입자는 $10^9 + 1$개, 반입자는 10^9개, 그러므로 입자의 개수는 10억 1개이며 반입자의 개수는 10억 개가 됩니다.

그러면 10억 개의 입자와 10억 개의 반입자는 서로 충돌하여 빛(광자)으로 모두 변하게 됩니다. 단지 10억 개당 1개의 입자만이 남아 후에 물질을 이루게 되는 것입니다. 여기서 10억 개당 1개의 입자 수는 현재 우주의 빛의 개수와 쿼크의 숫자를 비교해서 나온 것입니다.

현재 우주에는 은하가 약 10^{11}개쯤 있습니다. 은하 하나에는 태양과 비슷한 별이 약 10^{11}개쯤 또 있습니다. 따라서 우주에는 별이 약 10^{22}개쯤 있다고 생각할 수 있습니다. 이 별들을 이루고 있는 입자의 개수를 계산하면 이 우주에 존재하는 기본입자(쿼크 및 렙톤들)의 개수를 알 수 있습니다.

우주의 현재 온도는 약 3k 입니다. 우주의 부피는 4/3 x 파이 x $(10^{28}cm)^3$입니다. 우주의 모든 부피가 온도 3k도인 복사로 가득 차 있으므로 광자의 개수를 알 수 있습니다.

이와 같은 계산을 하면 현재 우주에는 빛(광자=입자와 반입자 쌍소멸로 생긴 광자)이 입자보다 약 10^9배 더 많이 있습니다.

② 입자와 반입자는 순환하는 대립 쌍입니다.

모든 입자와 그것들의 반입자는 순환하는 대립쌍입니다. 그러므로 반입자들로만 이루어진 세계는 있을 수 없습니다.

현대 물리학은 "미시 세계의 모든 입자들은 질량은 동일하지만 전하와 스핀 등의 부호가 반대인 반입자를 가지고 있다."고 주장합니다. 예를 들면, 전자의 반입자는 양성자, 양성자의 반입자는 반양성자, 중성자의 반입자는 반중성자입니다. 광자(빛)는 입자와 반입자를 반씩 갖고 있다고 합니다.

반입자들은 일반적인 방법으로는 발견이 어렵고 특수 시설을 이용해야 확인되고 만들어질 수 있는데, 수명이 매우 짧아 이동한 흔적을 사진으로 찍어 판독해야만 존재와 특성 등이 확인됩니다.

입자와 반입자가 충돌하면 폭발이 일어납니다. 예를 들면, 전자와 양전자(반전자)가 충돌하면 가시광선보다 더 큰 에너지를 가진 두 개의 감마선으로 전환된다고 합니다. 즉, 입자와 반입자는 서로를 상쇄하면서 순수한 에너지로 전환된다는 것입니다.

입자와 반입자가 충돌할 때는 언제나 모든 질량이 에너지로 전환되는 것은 아닙니다. 양성자와 반양성자가 충돌 시에는 중간자라고 하는 새로운 입자와 감마선 등이 같이 생성됩니다. 입자와 반입자의 모든 질량이 에너지로 전환되지는 않는다는 것은 입자와 반입자는 일반적으로 이야기되는 것과 같은 완전한 대립체가 아니고, 시스템들의 순환 과정에 있는 대립 쌍이라는 뜻입니다.

모든 입자는 각각 하나의 시스템입니다. 시스템들의 순환 운동 과정에는 성질이 반대인 대립 쌍이 생성됩니다. 예를 들면, 척력 점의 입자가 순환하여 인력점에 도달하거나, 확산 점의 입자가 순환하여 폭발점에 도달하면 성질이 반대로 됩니다. 순환 법칙으로는 이런 대립쌍이 입자와 반입자입니다.

전자는 순환 운동 과정 중에서 척력이 가장 크고 음(-)성의 상태인 척력점에 있습니다. 전자가 순환 운동하여 인력이 가장 크고 양(+)성의 상태인 인력점에 도달하면 양전자(반전자)로 됩니다. 마찬가지로 인력점의 상태인 양성자가 순환 운동하여 척력점에 도달하면 반양성자로 되는 것입니다.

우주에는 팽창하는 은하계들과 수축하는 은하계들도 있다고 할 수 있습니다. 이 두 은하계를 은하계와 반은하계라고 볼 수 있습니다. 은하계와 반은하계가 충돌하게 되면 공간 씨들을 주고받지만, 전체가 갑작스럽게 충돌을 하지는 않습니다. 왜냐 하면, 은하계와 반은하계를 둘러싸고 있는 외곽 지대의 공간 씨들은 두 쪽 다 확산 점 상태로 팽창되어 있어 성질이 비슷하기 때문입니다. 따라서 반물질로만 이루어진 세계가 따로 있다고 볼 수는 없습니다.

물질과 반물질의 관계는 입자와 반입자의 관계처럼 끊임없이 생성 소멸되는 자연계의 순환 운동 과정 중에 나타나는 대립 쌍입니다. 블랙홀과 화이트홀은 물질과 반물질의 관계입니다. 거대한 블랙홀이 수축되어 폭발 점에 도달하면 뉴트리노(중성미자)를 발산하다가 폭발하게 되고, 블랙홀이 폭발하면 그 내부에 거대한 화이트홀이 형성되는 것입니다.

화이트홀은 공간 씨들이 매우 희박한 진공 상태로 공간의 확산력에 의해 공간 씨들을 중심으로 끌어들이는 힘이 있습니다. 따라서 화이트홀은 흩어진 물질들을 끌어당기며 다시 블랙홀로 변하게 됩니다. 블랙홀의 폭발이 강력하지 않을 때는 폭발되지 않은 제1기와 제2기의 물질들이 화이트홀로 모여 새로운 중성자성이 형성될 수도 있습니다. 이 중성자성은 질량 밀도가 대단히 높고 폭발력이 증가한 상태입니다. 따라서 이 중성자성의 내부에서는 X선과 같은 강한 전자기파를 발산하게 되는 것입니다.

중성자성을 둘러싸고 있는 우주 공간의 공간 씨 밀도가 더욱 떨어지며 온도가 내려가면 중성자성은 폭발하게 됩니다. 이것은 초전도 상태에서 원자핵이 붕괴되며 씨를 방출하는 현상과 비슷합니다.

③ 대립쌍이 이성체를 만듭니다.

화합물이 생성되는 대부분의 화학 반응에서는 분자식과 구조식은 동일하나 성질이 다른 이성체들이 생성됩니다. 이러한 이성체들은 물리 화학적인 유사성에도 불구하고 이들이 생체 내에 흡수되었을 때 생체에 작용하는 특성이 크게 다르게 나타나는 경우가 많이 있습니다.

이성체들의 생물학적 특성들은 예측이 어렵기 때문에 하나하나 생물학적 실험을 통해서만 알 수 있습니다. 어떤 것은 유익하게 작용하고 어떤 것은 무익하며, 어떤 것은 독성을 갖기도 하고 어떤 것은 향기가 좋은가 하면 역겨운 냄새를 내는 것도 있습니다.

이렇게 이성체들 사이에 생물학적 특성이 다르게 나타나기도 하는 원인은 이성체를 구성하는 원자들 중의 일부가 순환 운동 과정에 발생되는 폭발 점 상태와 확산 점의 상태로(대립 쌍의 형태로) 결합되어 있기 때문입니다.

제6장
대우주와 소우주

:: 우주와 나

지금까지 우리는 이세상이 어떻게 생겼는지 알아보기 위해서 이해하기 어려운 현대물리이론을 고찰해 보았습니다. 우주의 구조를 알기 위해 우주를 구성하는 근본 질료들과 자연계의 힘이 어떻게 상호작용하는지도 연구했습니다.

난해한 물리 수학적 방정식에 의하여 규명되고 있는 자연의 질서를 다 이해하기란 역부족이며, 단지 우주는 초양자의 중첩-파동, 파동의 중첩-에너지, 에너지의 중첩-소립자, 소립자의 중첩-초기의식, 초기의식의 중첩-원자, 원자의 중첩-분자, 분자의 중첩-물질로 진화된다고 했습니다.

이렇게 진화되어 미시세계에서 거시세계로 구성되어 간다는 것을 알게 되었습니다. 그리고 우주의 모든 존재는 비국소성의 원리에 의하여 상호 연결되어 있다는 사실도 이해하게 되었습니다.

우리는 교육에 의해 길들어진 과학적 사고방식으로 이해할 수 없는 자연현상들에 대해 유연성을 가지고 대해야 한다는, 사고방식의 전환도 요구되고 있음을 깨달았습니다.

이제 이러한 과학적 사고의 유연성을 가지고 새로운 세상을 접해보도록 합시다. 그리고 우주와 나에 대한 관계정립을 통해 우리의 삶을 한 차원 높여 보자는 것입니다.

이 세상이 대우주라면 나는 소우주입니다. 이 세상의 모든 정보가 나에게 다 있고 나의 모든 정보가 이 세상에 퍼져 있습니다. 홀로그램 우주에서 우주는 하나의 살아 있는 유기체라고 했습니다. 그러므로 우주는 국소성이 아니라 비국소성의 현상을 보입니다. 우리 몸은 우주의 정보를 다 담고 있으며 한 잔의 물도 우주의 정보를 다 가지고 있습니다.

DNA가 우리의 유전정보와 성장프로그램을 가지고 있듯이 우주구성의 한계물질인 양자들은 우주를 조직할 모든 정보와 프로그램을 가지고 있으며 고유물질들의 고유정보를 가지고 있습니다. 고유정보로 우주만물의 상호의사 소통이 가능한 것입니다.

나는 때로 비를 그치게 하고 구름을 사라지게 합니다. 내가 비를 그치게 한다든가 구름을 지우게 한다든가 하는 것은, 비나 구름에게 분명하게 정보전달을 하고, 또 비나 구름이 내 정보를 알아듣고 즉각 반응을 보여준 결과입니다.

구름을 지우기 위해 구름까지 올라가지 않아도 됩니다. 내가 있는 장소에서 손가락으로 구름을 가리키고 조용히 주문하면 구름이 알아듣습니다. 반드시 구름이 지워진다는 주파수를 맞추고 절대적인 믿음으로 구름을 바라보아야 합니다.

우리 몸은 생체에너지정보 장으로 감싸여있으며 우주에너지정보 장에 접해있습니다. 그러므로 수억 광년의 거리인 우리 은하 뒤에서 금방 일어난 사건도 내 생체에너지정보 장에 즉시 잡힌다고 말할 수 있습니다.

물체의 운동법칙에서 빛보다 빠른 것은 없다고 하지만, 초양자 장으로 가득 찬 우주에서 정보전달은 우주감각(양자 얽힘)으로 그 정보가 전 우주에 동시에 전달됩니다. 마치 우리 인체중 발에 일어난 사건이 몸 전체로 동시에 정보전달이 되듯이, 우주도 비국소성의 원리에 의하여 아무리 먼 곳에서 일어난 사건이라도 전 우주에 동시에 정보가 전달됩니다.

만약 우주정보수신기가 발명된다면, 우리는 그 수신기에 방향을 설정해 놓고 원하는 거리의 원하는 물체의 주파수만 맞추면 아무리 먼 곳의 사건일지라도 사건전모를 즉시 알 수 있을 것입니다.

:: 우주는 에너지정보 장 기(氣)의 바다

우주는 미시세계의 소립자들부터 거시세계의 은하군단까지 에너지정보로 꽉 차있습니다. 원자는 원자에너지정보 장, 분자는 분자에너지정보 장, 아파트는 아파트에너지정보 장, 한강은 한강에너지정보 장, 백두산은 백두산에너지정보 장, 지구는 지구에너지정보 장, 달은 달에너지정보 장, 은하계는 은하계에너지정보 장 등등, 모든 우주의 물질은 에너지정보 장을 가지고 있습니다.

이들의 고유 에너지정보 장은 고유 주파수를 가지고 상호작용합니다. 그러므로 우주는 국소성이 아닌 비국소성으로 홀로그램우주를 형성하고 있습니다. 한마디로, 우주는 초양자 장으로 가득 찬 통일된 하나의 유기체입니다.

에너지정보 장을 세 가지로 나누어 보면 다음과 같습니다.

① 생체 에너지정보 장

모든 생명체는 생체 내부로부터 발산하는 에너지정보 장으로 감싸여있습니다. 인간인 경우 에너지정보 장은 인체를 감싸고 있을 뿐 아니라, 인체 내부의 365곳의 경혈을 따라 세포 구석구석을 순환하면서 탁한 기운을 밖으로 내 보내고, 맑은 기운을 밖에서부터 내부로 받아들입니다. 생체 에너지정보 장은 우주에너지정보 장과 에너지와 정보를 교환하며 상호작용을 합니다.

우리는 기에 대한 올바른 이해를 해야 합니다. 기는 에너지정보 장입니다. 그래서 기는 우주의 자연현상이며, 특히 우리 몸으로 보면 제2의 몸이라는 사실을 꼭 아서야 합니다. 이 생체에너지정보장의 기(氣) 속에 우리의 마음이 자리잡고 있습니다.

외부로부터 에너지정보를 교환하면서 우리의 몸속에 들어가 365곳의 경혈을 통해 우리 몸속의 세포 구석구석을 순환하는 기는 우리의 마음이라는 사실을 기억해야합니다. 그러므로 마음이 편치 못하면 기가 찌그러지고 몸속의 조직도 편치 못합니다.

우리의 생체 에너지정보 장이 손상되면 마음이 손상되고 몸이 손상됩니다. 마음이 불편한 것은 우리의 생각에 문제가 있기 때문입니다. 마음이 안녕하지 못하면 우리는 무엇인가 잘 못 생각하고 있다는 증거입니다. 마음을 편히 잘 모셔야합니다. 그래야지 몸이 건강하고 세상과 정보교환도 제대로 할 수 있습니다. 기는 볼 수도, 만질 수도, 냄새도, 맛도 느낄 수 있습니다.

내 옆에 다정한 친구가 오면 기는 금방 살아납니다. 내 옆에 사랑하는 사람이 있어 손을 잡아주면 감전됩니다. 내가 아카시아꽃길을 걸으면 꽃향기에 기분이 좋아집니다. 이렇게 기는 볼 수도, 만질 수도, 냄새도, 맛도 다 느낄 수 있는 것입니다.

마음이 머무는 에너지정보 장은 외부 세계와 정보교환을 항상 하고 있으므로 생각 보다 모든 정보가 빠릅니다. 그래서 주변 분위기라는 말이 있듯이, 어떤 생각을 하기 이전에 우리들 스스로가 예감 · 직감 · 육감으로 주변을 파악합니다.

때로는 그 예감으로 큰 재난을 피할 수도 있고 직감으로 목숨을 건진 이야기도 있습니다. 살기를 느낀다든가, 기분이 이상하다든가 하는 것은 모두 에너지정보 장에서 잡힌 정보입니다. 만일 누군가가 나에게 사기를 치고 있다면, 조금만 관찰하면 내 마음의 파장이 상대의 마음의 파장을 읽어 사기를 치고 있다는 것을 알아차릴 수 있습니다. 이런 경우 내 마음이 불편함을 호소합니다. 이 불편함을 생각이 알아차리면 사기를 피할 수 있고, 생각이 못 알아차리면 사기를 당합니다.

에너지정보 장은 외부의 신선한 에너지를 받아들여 체내로 들여보냅니다. 그리고 경혈을 통해 세포 구석구석을 순환한 후 탁한 기운을 밖으로 내보냅니다. 그러므로 에너지정보 장은 자기 신체내부 구석구석의 정보를 다 가지고 있습니다. 그래서 신체 내부에 문제가 생기면 마음이 불편하다는 신호를 뇌로 보냅니다.

마음이 보내는 신호를 제대로 읽으면 우리 몸의 질병 중 99퍼센트 까지도 예방이 가능합니다. 마음이 보내는 신체 내부정보를 뇌가 보고받고 다 알고 있습니다. 그렇지만 우리들 거의 대다수는 큰 사건화가 될 때까지 그 정보를 무시하고 맙니다.

불치병 환자의 99퍼센트가 자기에게 병이 발생할 것이라는 사실을 알고 있었다는 통계가 있습니다. 대부분 설마와 무시로 방관하다가 심한 통증을 느낀 뒤에야 할 수 없이 병원에 가서 검사합니다. 그땐 이미 병이 상당히 진행된 후가 됩니다.

모든 동식물에게도 에너지정보 장이 있습니다. 이 말은 동물은 말할 것도 없고 식물도 에너지정보 장을 가지며, 미생물도 마음의 장을 가지고 있다는 말입니다. 이들에게 사랑으로 대하면 좋아하고 사람을 따르고 스트레스를 주면 사람을 피합니다. 식물은 지실이 들고 생육을 제대로 못하고 죽습니다.

어떤 역경에서도 기가 살면 그 역경을 극복할 수 있습니다. 이러한 기 싸움은 국가 간의 전쟁이나 운동경기나 어떤 시합을 할 때, 승패에 매우 중대한 영향을 미칩니다. 비록 암이란 질병에 걸렸어도 기만 꺾이지 않으면 암을 퇴치할 수 있습니다.

② 물체에너지정보 장

모든 물체는 에너지정보 장을 가집니다. 이러한 물체에너지정보 장이 모여 우주에너지정보 장을 형성합니다. 이세상의 모든 물질은 아원자(소립자들)부터 하늘의 천체에 이르기까지 각각의 고유에너지정보 장을 가지고 있습니다.

길가의 돌멩이 하나도 물체에너지정보 장을 가지고 있으며, 아파트도, 백두산도, 한반도도, 지구도, 태양도, …… 모든 물체는 그 물체의 고유에너지 정보 장을 가지고 있습니다.

그리고 생체에너지정보 장과 마찬가지로 모든 물체는 에너지정보 장으로 싸여있습니다. 이 물체의 에너지정보 장엔 물체의 의식이 깃들어 있습니다. 에너지정보 장은 결국 파동으로 생긴 장이므로 모든 물질은 고유의 주파수를 가지며 고유의 의식을 가진 의식체입니다.

모든 물체는 의식에 의한 정보력이 있습니다. 정보력이란 정보의 입력과 기억 그리고 출력이 가능하다는 이야기입니다. 앞에 홀로그램 우주에서 설명하였듯이, 우주의 일부가 우주전체의 정보를 담습니다. 또 비국소성의 원리에 의하면, 우주의 어느 곳에서 일어난 사건은 그 일어난 곳에만 해당되는 사건이 아니라 전우주의 사건이 됩니다. 이와 같이 모든 물체는 에너지정보 장에 의해 하나로 연결되어 있습니다.

이러한 물체에너지정보 장을 이용하여 천문학자들은 천체의 환경과 내부구조를 연구합니다. 과학자들이 망원경이나 전파로 수십만 광년거리의 천체를 관측하고 천체의 광도를 분석하여 그 천체의 내부온도나 성분을 알아냅니다. 마젤란성운 초신성의 온도가 5×10^{14}c도, 무려 500조도(兆度)나 된다는 사실도 마젤란성운의 에너지정보 장을 관측하고 분석한 결과입니다.

달과 화성 이외에는 태양계의 천체에 직접 착륙하여 탐험하지 못했지만 과학자들은 태양계의 모든 천체들을 마치 손금 보듯이 훤히 다 분석해 놓았습니다. 이 모든 탐험은 물체에너지정보 장을 연구분석한 결과입니다. 어떠한 물체도 외부로 모습을 드러내면 에너지와 정보를 함께 방출하므로 그 에너지와 정보를 읽으면 그 물체의 비밀을 알아낼 수 있습니다.

③ 우주에너지정보 장

한 마디로, 생체에너지정보 장과 고유물체에너지정보 장의 총합으로 구성된 에너지정보 장입니다. 이세상의 모든 물질과 공간을 가득 메운 에너지정보 장으로, 우주는 하나의 유기체로 통일되어 있습니다. 이 우주에너지정보 장엔 우주의 의식(마음)이 깃들어 있습니다.

한의학에서는 손바닥만 보고도 전신의 건강 유무를 알아내고, 손바닥에만 침을 놓으므로 해서 내부 장기를 치료하기도합니다. 이런 것은 비국소성의 원리에 의한 현상입니다.

여기서 중요한 사실 하나는 바로 통일된 정보입니다. 내가 엘로드를 들고 청와대를 머리에 입력하여 주파수를 맞춰 놓으면 청와대의 주파수가 내 에너지정보 장으로 끌려와서 엘로드가 청와대를 가리키며 반응합니다. 이러한 현상도 우주에너지정보 장에 의해 나의 에너지정보 장과 청와대에너지정보 장이 서로 교신을 한 것입니다.

소망의 주파수를 맞춰놓는다든가, 명당을 찾는다든가, 수맥을 탐사한다든가, 하는 이러한 이치는 우주에너지정보 장에 의한 정보교환으로 일어나는 자연현상입니다. 아무리 먼 우리은하 밖의 수십억광년 거리에서 일어난 사건도 금방 우주에너지정보 장에 의해 우리에게 정보전달이 되어 우리의 에너지정보 장에 잡힙니다. 우리는 수시로 모든 우주의 정보를 접하지만 보다 첨단적인 스캐너가 없어 먼 우주로부터 접수된 정보를 출력하지 못하고 있을 뿐입니다.

나와 우주는 에너지정보 장에 의하여 상접해있습니다. 그러므로 우주의 모든 에너지와 정보는 내 손 끝에 잡혀있습니다. 비록 송과체가 퇴화되어 우주의 정보를 지각할 수 없지만 적극적이고 긍정적인 사고로 주파수를 맞추면 내가 소망했던 정보가 잡힙니다.

기도나 기원은 우주에너지정보 장에 내가 간절히 요구되는 주파수를 띄우고 여기에 공명하여 그 간절한 정보가 잡히게 하는 행위입니다. 그러므로 기도나 기원을 할 때 그 소망의 주파수를 아주 구체적이고 명확하게 띄워야합니다. 뿐만 아니라 간절해야 합니다. 소망을 띄울 때 우주에너지정보 장에 사랑과 감사의 순수한 마음으로 띄워야합니다. 왜냐하면 우주 의식은 사랑과 감사에 쉽게 공명하기 때문입니다.

우주에는 무한한 생명에너지가 있습니다. 신비한 빛과 에너지는 우주에 가득합니다. 이 우주에너지는 우리의 건강에 지대한 영향을 미칩니다. 우리가 적극적으로 이 신비한 빛과 에너지를 인체 내부로 빨아들이면 들어옵니다. 눈에 보이지 않지만 느끼면 느껴집니다. 느낀다는 것은 입자가 아닌 파동입니다. 우리의 의식의 파동이 공명해주어야 우주에너지는 느낌의 파동을 타고 우리 몸속으로 들어옵니다. 이러한 공명 현상은 믿음이 아닌 대자연의 이치입니다.

우주의 신비한 빛과 에너지는 어떠한 질병도 치유해줍니다. 신비한 빛과 에너지는 우리의 몸이 이완된 상태에서 기쁘고, 즐겁고, 신나고, 기분 좋을 때, 혹은 무념무상이거나 마음이 고요하거나 수면 중일 때 마치 낮은 곳에 물이 고이듯 고여 듭니다. 이러한 우주에너지정보 장의 성질을 잘 파악하여 세상을 살아간다면 훨씬 더 좋은 삶을 영위할 수 있을 것입니다.

기(氣)나 수맥 혹은 영은 에너지의 흐름이 강하므로 특별한 기술이 없이도 주파수만 맞추면 엘로드로 쉽게 반응을 감지할 수 있습니다. 그러나 특정한 물체의 주파수를 잡는 것은 그 에너지의 흐름이 미세하므로 아주 예민한 감지능력이 있어야합니다. 상당한 기간 동안 수련을 받은 사람만이 엘로드로 그 기운을 읽어낼 수 있습니다.^^

:: 물의 비밀

물의 분자는 H_2O입니다. 수소2원소와 산소1원소의 결합이 이루어져 만든 물질입니다. 기본적으로 우리가 잘 아는 물은 우리 몸의 70%를 차지하고, 갈증을 풀어 주고 몸을 씻겨주고, 100도에서 끓고, 음식을 만드는데 이용되는 등, 헤아릴 수 없이 많은 성질을 가지고 있습니다. 이러한 물의 성질을 달리 표현하면 물이 이러한 역할을 할 수 있는 정보를 가지고 있다고 말 할 수 있습니다. 물은 정보력이 뛰어나므로 수성 테이프라고까지 말합니다.

우주의 정보를 가진 쿼크가 원자를 만들고 원자가 모여 물 분자를 만들었으니 당연히 물은 에너지정보 장을 가지며 스스로 무엇을 해야 하는지를 아는 정보력을 가지고 있습니다. 즉, 물은 생명체에 들어가 영양과 에너지를 나르고 오폐물을 수송하며, 100도에서 끓고 0도에서 얼며, 비누와 상호작용하여 세탁을 합니다. 물의 모든 작용은 스스로가 가진 정보력에 의한 물의 특성이라 할 수 있습니다.

뿐만 아니라 물은 감정도 가지고 있습니다. 물의 분자식은 H_2O라고 했습니다. 즉, 수소 2원소와 산소 1원소로 이루어졌다고 앞에서 말했습니다. 여기서 수소원자의 핵(양성자 1개)은 우주 탄생의 순간인 빅뱅 직후 생성된 것으로 우주의 탄생과 진화의 과정을 다 목격했습니다.

그래서 물은 어떤 모든 물질보다도 감정의 폭이 넓습니다. 빅뱅의 초열지옥의 순간도 목격했고 초신성 폭발의 처절한 비명소리도 들었고 고귀한 생명 탄생의 순간도 맛보았고 인간들의 피비린내 나는 싸움도 겪었습니다. 그래서 물은 몸짓으로 소리로 감정을 드러냅니다. 때로는 격랑과 우뢰 소리로, 또 때로는 파도소리와 잔물결 소리로, 이렇듯 물의 소리는 천차만별입니다. 그 만큼 지나온 역정이 험했고 경이로웠다는 뜻입니다.

이렇게 겪어온 기억들로 각인된 물은 감정을 가지고 있음이 확인되고 있습니다. 에모토 마사루씨의 물 사진 화보집을 보면, 여러 곳에서 떠온 물을 촬영한 사진, 여러 가지 음악을 들려주고 촬영한 사진, 여러 가지 글을 보여주고 촬영한 사진, 여러 가지 그림을 보여 주고 촬영한 사진, 여러 가지 말을 하고 촬영한 사진 등, 수많은 물의 결정체 사진들이 있습니다.

그 사진들의 공통점 중의 하나는, 긍정적인 환경에는 아름다운 육각형 꽃을 피우고, 부정적인 환경에는 찌그러진 모습을 보이고 있다는 사실입니다. 다시 말해, 물은 정보를 알아듣고 반응을 한다는 의미입니다. 특히 사랑, 감사의 글을 보여준 물의 결정체가 최고로 아름다운 모습을 보였습니다.

말은 마음의 표현이라면, 70%가 물인 우리의 몸이 긍정적이거나 부정적인 말에 따라 민감한 반응을 보이는 것은 어찌 보면 당연하다 할 것 입니다. 그러므로 우리는 한 마디의 말이 상대방에게 치명상을 입힐 수 있다는 진리를 명심해야 합니다.

홀로그램모델에 의하면 단 한 방울의 물속에 우주 전체의 정보가 담겨있다고 했습니다. 다시 말해, 물을 매개로 우리는 우주의 마음을 알 수 있습니다.

사랑과 감사에 최고로 아름다운 반응을 보이는 물의 마음은 곧 우주의 마음입니다. 우리는 물의 마음을 통해 우주의 마음을 알았습니다. 우주의 마음은 무엇일까요? 그것은 창조주의 마음이며 절대자의 마음입니다.

그럼 우리는 어떻게 하면 이 세상을 잘 살 수 있을 까요?

바로 절대자의 마음을 알고 절대자를 기쁘게 하면 이 세상을 보람 있고 재미나게 그리고 풍요롭게 잘 살 수 있게 됩니다. 절대자의 마음은 사랑이며 우리의 마음은 감사입니다.

우리가 잘 사는 방법은 절대자의 사랑에 감사하며 사는 것입니다. 감사하는 자에게만 절대자는 무한한 사랑을 베풀어 줍니다.

사람의 마음과 생각의 파동을 물의 결정체로 볼 수도 있습니다. 심상을 촬영할 수도 있으므로 물은 마음의 거울입니다. 물은 창세기 이전부터 이 세상의 모든 것을 지켜 보아온 대자연의 정보를 가진 물질입니다. 즉, 물은 우주 탄생의 정보, 우주 역사의 정보, 우주

형태의 정보, 우주 물질의 정보를 모두 담고 있다 할 것입니다.

이와 같이 우주의 정보를 가진 물을 통해, 대 우주의 과거와 현재 그리고 미래를 여행할 수 있는 다른 차원의 세계로 들어 갈 수 있습니다.

🌴 **오아시스** 🐫 성경의 우주관 :

성경에 의하면 천지창조 이전에 물은 존재했으며("하나님의 신은 수면 위를 운행하시니라."), 빅뱅 이후 최초로 생성된 원자는 물 분자(H_2O)중의 수소(H)입니다. 수소는 모든 원자 중 가장 오래된 사건, 즉, 빅뱅의 순간을 목격했습니다.^^

:: 주파수의 비밀

① 진동

양자역학에 따르면 모든 존재는 진동합니다. 그리고 진동에 의한 고유한 주파수를 가지고 파장을 가집니다. 물질은 눈에 보이나 진동은 눈에 안 보입니다. 인간도 물질이며 진동합니다. 한 사람이 분위기를 바꿀 때 그 분위기는 진동에 의해 바뀝니다.

소유를 하면 소유주가 죽는 다이아몬드, 잘 되는 가게, 좋은 집터나 묘지터(명당), 이 모두가 진동에 의해 일어난 사건입니다. 축제는 밝고 좋은 파동을 내뿜기 때문에 언제나 축제장은 분위기가 고조됩니다.

만물이 진동한다는 것은 만물이 소리를 낸다는 뜻입니다. 사람은 약 16헤르츠~2만 헤르츠를 들을 수 있습니다. 1 헤르츠란 1초 동안 사람이 들을 수 있는 진동수를 말합니다. 문자나 말(언어)도 진동이며 생각도 진동입니다. 그래서 물은 소리뿐만 아니라 글자와 생각에도 반응하는 것입니다.

사랑과 감사는 대자연의 율법이며 생명 현상의 근본원리입니다. 이것은 우주의 마음이며 여기에 맞추어 사는 것이 순행하는 길입니다.

망할 놈, 저주, 조롱은 인간의 나쁜 감정 표현이며 생명 파괴 현상입니다. 이것은 반우주의 마음이며 역천하는 길입니다.

사랑이란 진동은 사람이나 만물이 다 공명하는 주파수를 가지고 있습니다. 우주와 공명하면 우주와 대화할 수 있습니다. 사랑과 감사로 우주와 공명하면 인간의 삶은 더 아름다워지고 이상적인 세상에 더 가까워집니다.

② 파동

파동에는 장파, 중파, 단파, 초단파, 적외선, 가시광선, 자외선, 엑스선, 감마선(알파/베타), 우주선, 등등의 수많은 파동이 있습니다. 그 수많은 파동 중에 인간은 가시광선 밖에 볼 수 없습니다. 우리의 눈에 빨·주·노·초·파·남·보로 보이는 광선이 바로 가시광선입니다. 적외선은 파장이 길어서 안 보이고 자외선은 그 반대로 파장이 짧아서 안 보입니다.

다시 말해, 인간은 이 세상을 더듬거리며 살아갑니다. 캄캄한 세상을 살아가면서 실패하고 좌절하고 원망합니다. 쓰나미가 와도 모르고 옆에서 사기를 치거나 거짓말을 해도 모릅니다.

입자와 파동은 서로 확연히 구별되는 성질을 가지고 있어서 어떤 자연 현상이 동시에 입자이고 파동일 수는 없습니다. 입자와 파동의 특징을 정리하면 다음과 같습니다.

입 자	파 동
질량이 직접 이동한다.	매질을 통하여 움직이는 모양만 이동한다.
장애물에 부딪치면 더 이상 진행하지 못한다.	장애물에 부딪치더라도 돌아갈 수 있다. (회절)
두 입자가 진행해 오면 더 세진다.	두 파동이 진행해 오더라도 경우에 따라 없어질 수도 있다.(간섭)

🌴 오아시스 🐫 주파수로 암 치료 :

인간의 세포가 초당 500억 회 진동하므로 50GHZDML 주파수에 해당하는 마이크로파를 이용하여 질병을 치료할 수 있습니다. 인체에 380NM의 파장대가 부족하면 암이 생길 수 있습니다. 반대로 이 파장대의 광선을 보충하면 암을 치료할 수 있습니다.^^

소리는 압박의 떨림을 말하는 움직이는 파(波)입니다. 유아의 귀는 16Hz부터 20,000Hz까지의 주파수를 인지하는 반면, 일반인은 20Hz부터 16,000 Hz까지의 소리만 들을 수 있습니다. 초음파와 다른 물리적 떨림의 범위는 메가헤르츠 이상으로 확장됩니다.

우주만물의 기본 질료인 쿼크와 전자는 원자를 만들고 전자는 원자 속에서 핵을 돕니다. 전자의 각운동은 파동이며 파동은 진동입니다. 그러므로 모든 물질은 진동파가 있으며 이러한 파장을 주파수라고 합니다.

우리는 흔히 인간은 영육혼의 존재라고 말합니다. 서로 다른 에너지 형태들인 육체적 몸체와 정신적 몸체, 영적인 몸체들이 밀접한 관계를 가지고 한 몸체를 이루고 있습니다. 이들은 각자 고유한 기능과 진동에너지를 가집니다.

모든 물체는 진동 합니다. 진동을 한다는 것은 파동을 가진다는 뜻입니다. 우리의 에너지정보 장에는 우주의 모든 주파수가 잡힙니다. 그러나 우리는 영안이 닫힌 관계로 그 수많은 주파수 중에 16헤르츠 ~ 20,000헤르츠 사이만 인식할 수 있습니다. 그야말로 깜깜한 밤길을 걸어가는 격입니다.

성인(聖人)들은 열린 영안으로 그들이 목격한 보이지 않는 세상에 등불을 밝혀 놓았습니다. 성인들이 밝혀 놓은 등불은 사랑과 감사입니다. 이 사랑과 감사엔 모든 주파수가 공명합니다. 우리는 과학적 근거를 가지고 성인들의 말씀을 이해하고 있습니다. 그러한 태도는 도덕적 윤리적 차원이 아닌 현실적 차원임을 깨달아야합니다.

제7장
에너지정보 장 기(氣) 응용

이제 우리는 스핀장 혹은 에너지정보 장이 기(氣)라는 사실을 알게 되었으며, 이제부터 기를 활용하여 삶의 질을 한 차원 높여 보도록 합시다.

기를 인도에서는 프라나, 러시아에서는 토션파워, 일본에서는 초염력, 미국에서는 영성, 중국에서는 치(氣), 기독교에서는 성령, 불교에서는 불력, 메스머(의사)는 동물자기, 잠의 사원에선 신성, 등등 여러 명칭으로 부르고 있습니다.

우리는 우주에 가득한 에너지정보 장을 영안이 닫혀 감지를 못합니다. 기의 흐름을 잘 읽으면 많은 암재계의 현상을 관찰할 수 있습니다. 그 기의 흐름을 원시적인 도구지만 엘로드를 이용하여 감지할 수 있습니다. 여기서 엘로드로 암재계의 자연현상을 관찰하는 한가지 예를 들어보겠습니다.

:: 기 풍수와 기 운행

기를 풍수지리에 응용해서 명당을 찾는 행위를 기풍수라고 합니다. 보통 지관이 음택을 잡을 때 외형을 살펴 현무·주작·청룡·백호를 살피고 용맥을 따라 지기의 흐름을 찾아 명당을 잡습니다. 그러나 잡긴 잡았는데 기가 눈에 보이지 않으니 진짜 결혈이 된 땅인지 아닌지 알 수가 없습니다. 그냥 풍수장이의 말만 듣고 조상의 유해를 모십니다. 그러다보니 명당이 있네, 없네, 하고 이래저래 말이 많기도 하며 미신이라고 까지도 말하는 것입니다.

나는 얼마 전에 고향에 가서 조상의 산소를 돌아보던 중 땅에 대한 호기심이 발동되어 주변의 흐르는 기를 살펴보았습니다. 그 결과 명당이 있다는 사실을 실제로 확인했습니다. 고향에는 어렸을 때부터 전설적으로 내려온 명당 이야기가 있습니다. 어디어디가 명당이고 뉘 집 산소가 명당이고 뉘 집 터가 좋다는 이야기도 있고 해서 나름대로 확인을 해보았던 것입니다.

그러나 옛날이야기가 비슷하게 맞기는 했으나 정확하지는 않았습니다. 기가 뭉친 자리는 가로 세로 2미터 정도인데, 지형지물에 따라 지적한 장소는 맞지만 결혈은 수십 미터 이상 빗나갔습니다. 이러한 경험을 하면서 마치 천기를 누설한 것 같은 기분이 들어 함부로 명당은 말하면 안 되겠다는 생각이 들었습니다.

명당에 묘를 쓰면 음택이며 집을 지으면 양택입니다. 지형지물과 패철만 가지고 잡은 음택이 명당은 고사하고 수맥이 흐르는 흉

지일 경우도 있습니다.

양택이든 음택이든 한번 지으면 반영구적인데, 수맥이 흐르면 어떻게 되겠습니까. 집을 다시 지을 수도 없고 묘를 다시 이장 할 수도 없으니 낭패가 됩니다. 이럴 경우 수맥은 음기고 사기(邪氣)이니, 기를 넣어 양기로 바꾸면 됩니다. 부정적이고 유해한 좌파를 우파로 바꾸어 주기만 하면 되는 것입니다. 경비도 안 들이고 문제를 해결하는 방법입니다.

① 명당 찾기

우선 명당이 무엇인지 사전적인 설명을 보면, 풍수지리에서 이상적인 환경을 가진 길지(吉地)를 의미하는 용어입니다. 살아서는 좋은 환경을 갖춘 집 자리에서 살기를 원하고 죽어서는 땅의 기운을 얻어 영원히 살기를 원했던 사람들의 땅에 대한 사고가 논리화된 것이 풍수지리설인데, 그 원리에 따라 실제 땅을 해석하는 방법으로 간룡법(看龍法)·장풍법(藏風法)·득수법(得水法)·정혈법(定穴法)·좌향론(坐向論)·형국론(形局論) 등이 있습니다.

이 가운데 특히 정혈법에서 명당에 관해 상세히 논하고 있습니다. 정혈법에 의하면, 풍수에서 요체가 되는 장소인 혈(穴)은 음택(陰宅 ; 묘지)의 경우 시체가 직접 땅에 접하여 생기를 얻을 수 있는 곳이라고 합니다. 양택(陽宅 ; 집)의 경우 거주자가 실제로 살고 있는 곳인데 명당은 바로 이 혈 앞의 넓고 평평한 땅을 일컫습니다. 산소의 경우는 묘판(墓板), 주거지의 경우 주 건물의 앞뜰을 내명당

(內明堂), 더 앞쪽의 비교적 넓은 땅을 외명당(外明堂)이라 합니다.

혈과 명당은 풍수의 체계에서 가장 중심이 되는 요소로, 구체적인 정혈방법 가운데에 명당정혈법이 있습니다. 이에 따르면 명당은 넓고 평탄하고 완만해야 하며, 좁고 경사지거나 비뚤어지면 좋지 않고, 명당이 제대로 되어야 혈도 진혈(眞穴)이 된다고 합니다. 고려가 개경(開京)을 도읍으로 정한 것과 조선의 한양 천도는 풍수지리설에 근거하여 명당자리에 정한 것입니다.

여러 가지 땅의 해석법을 보면 간산과 용맥 그리고 득수 등으로 혈을 찾아 나서는데, 정작 혈, 즉, 이용할 땅을 찍어내지 못하고 오히려 수맥이 있어 역효과를 보는 경우가 너무나 많습니다. 관산이나 용맥도 너무 주관적이어서 보는 사람마다 다 다르니 복잡하고 난해하기만 했지 진혈을 놓치는 맹점이 있습니다. 그래서 진기의 흐름을 먼저 감지하고 진기가 뭉친 곳을 찾아내면 이 보다 더 확실한 풍수법은 없다고 봅니다. 이런 풍수법을 일명 기풍수라고도 합니다. 그 구체적인 방법은 이러합니다.

엘로드를 오른손에 잡고 양기가 어디서 흘러 들어오는지를 확인합니다. 이때 양기를 머릿속에 입력시키고 양기를 찾는다는 주파수를 띄워 보내야합니다. 그러면 엘로드가 양기가 어디 있는지 결혈처의 방향을 지시해 줍니다. 그리고 엘로드가 지시하는 방향을 따라 갑니다. 1백 미터, 혹은 2백 미터, 1킬로미터, 계속 따라 가다 보면 엘로드가 더 이상 진행을 안 하고 한 자리에서 빙글빙글 돕니다. 바로 이곳이 결혈처이며 명당입니다.

이 결혈처는 사방 2미터의 범위 내에서 양기가 묻혀 있습니다. 이곳에서 사방을 둘러보면 용맥과 간산이 잘 어울려져 있음을 관찰할 수 있습니다. 양기는 어떤 의미이든 주변 지리가 조건을 갖추어 주지 않으면 결혈을 맺지 않습니다.

결혈처의 크기는 결혈장의 크기를 말합니다. 결혈장이란 그 결혈처가 양기를 뿜어내어 그 양기의 파장이 미치는 범위를 말합니다. 결혈처에서 엘로드를 오른손으로 들고 밖으로 벗어나보면 엘로드는 계속 그 떠나온 결혈처를 가리킵니다. 이렇게 결혈처 반대 방향으로 1백 미터, 2백 미터, 계속 결혈처를 떠나서 가다보면 엘로드가 더 이상 결혈처를 가리키지 않고 딴 방향을 지시합니다.

이 지점이 그 결혈처의 경계이며, 이 지점부터 다른 결혈처의 영향권으로 들어갑니다. 여기까지 거리가 1백 미터이면 그 명당은 사방 1백 미터의 결혈장을 가졌다고 보면 됩니다. 장의 크기를 더 상세히 알고 싶으면 이런 식으로 동서남북 4방위를 탐색해 보면 됩니다. 3백 미터 이상의 결혈장을 가지면 가히 대지라 할 수 있습니다.

결혈처를 찾다보면 엘로드가 진행하다가 빙글 하고 한 바퀴 돌다가 다시 가던 진행방향을 향하는 곳이 있습니다. 이곳 역시 명당이며, 소혈장이라 할 수 있으며 양택이나 음택으로 사용해도 무방할 뿐 아니라, 이런 땅도 귀하다는 것을 말해둡니다.

주의할 것은 반듯이 공공공심으로 어떠한 잡념이나 선입견을 가지면 안 됩니다. 또한 엘로드 잡는 법을 제대로 알아야하고 어느 정도 내공을 가진 자여야 섬세한 대자연의 기운을 읽을 수 있다는 점도 당연지사로 말해둡니다.

결혈처를 찾은 후에 간산과 용맥을 살펴야 올바른 명당을 얻을 수 있습니다. 즉, 주작과 현무가 앞뒤로 있고 청룡과 백호가 좌우에서 호위하듯 감싸고 있는지, 득수가 있어 진혈을 보호해 주고 있는지를 살펴보아야합니다. 패철을 놓고 용맥을 보고 파(破)를 정해 국(局)을 찾으면 결혈이 진혈인지 여부가 판별됩니다.

명당을 찾아서 집을 지으면 생기가 왕성하여 그 집에 사는 사람들의 건강과 행운을 가져다주고, 묘를 쓰면 유골이 생기를 받아 편하고 동기감응이 되어 그 자손들이 부귀와 영화를 누리도록 발복이 일어납니다.

② 충기와 소망을 빌며 명상

기로 건강을 지킬 수 있습니다. 생명의 근원인 해를 20분 정도 바라보며 기를 축적하면 기는 몸에 들어가서 우리 몸속의 면역 체계를 강화시켜 건강을 지켜주고, 혹 병에 걸려도 기에 의해 활성화된 자연살해세포가 병원균을 궤멸시켜줍니다. 태양 충기법은 가장 강열하고 가장 빠른 효과가 있는 충기법입니다.

🌴 오아시스 🐫 담배 :

담배는 사기(邪氣)이므로 흡연을 하면 기가 즉시 척추의 중추신경을 통해 목에서부터 아래로 내려가 미골(꼬리뼈)로 빠져나갑니다. 기를 수련하는 사람은 흡연을 하면 축기가 잘 안되니 꼭 금연이 필요합니다.^^

막 떠오르는 해는 초보자도 정면으로 바라보고 충기를 해도 별이상이 없으나, 오전 9시 이후의 태양광선은 너무 강해 눈을 다칠수 있으니 선글라스를 이용하면 안전하다고 봅니다. 또 오전 12시이후에는 충기를 삼가고, 특히 지는 해를 바라보며 충기 하는 것은 절대 금물입니다. 지는 해는 기를 빼앗아 갑니다.

기를 모으기 위해서는 기공, 기체조, 단전호흡, 명상, 요가 등 여러 가지 방법이 있습니다. 어느 방법이든 꾸준히 수련을 해야 효과를 볼 수 있습니다. 그 중에서 가장 효과가 큰 방법이 태양충기법이라고 확신합니다. 생명 에너지의 근원을 직접 받아 들이는 것 보다더 확실한 방법이 없기 때문입니다.

충기 방법은 일어서거나 팔걸이의자에 앉아 팔을 걸치고 태양을향해 양손 손바닥을 펴서 머리 높이만큼 올리고, 두 눈을 뜨고 태양을 바로 바라 봅니다. 수련이 된 사람은 아무리 태양이 강렬해도 똑바로 쳐다 볼 수 있습니다, 처음엔 눈이 부시고 눈물이 나기도 하지만, 기가 금방 나타나 태양을 검게 가려줍니다. 그러면 태양이 눈부심 없이 마치 보름달 같이 보입니다. 양손바닥을 펴고 노궁을 태양을 향하게 하고 10분에서 30분간 명상에 들어갑니다.

명상에 들어가기 전에 태양을 향해 소망을 빌어도 좋습니다. 건강을 위해 소망하면, 어디 아픈 곳을 구체적으로 이야기하고 "치유하여 주십시오." 라고 주문을 하면 됩니다. 명상에 들어가서도 잡념이 들면 소망이 이루어진 모습을 상상하며 좋은 생각을 계속하면됩니다. 예를 들어 관절이 아파 여행을 못한다면 관절을 치유해달라고 빌고, 치유된 건강한 모습으로 여행을 즐기는 장면을 상상하며 명상을 합니다. 사업이나 재물을 소망하면 그것도 위와 같은 방법으로 시행하면 됩니다.

기독교인인 경우 "창조주 하나님이시여, 창조주 하나님이시여, 창조주 하나님이시여" 3회 부르고 "대우주의 사랑을 주소서, 대우주의 기를 주소서, ○○○를 치유하여 주소서." 하며 주문하고 명상에 들어가면 됩니다.

무신론자라면, "창조주시여, 창조주시여, 창조주시여" 3회 부르고, 대우주의 사랑을 주소서, 대우주의 기를 주소서, ○○○의 아픈 곳을 치유하여 주소서." 하고 주문하고 명상에 들어가면 됩니다.

종교상 부득이 하면 "대자연이시여, 대자연이시여, 대자연이시여" 3회 부르고, "대우주의 사랑을 주소서, 대우주의 기를 주소서, ○○○아파트에 살게 하소서" 하고 주문하고 명상에 들어갑니다.

충기(充氣) 하면서 소망하거나 명상할 때, 반드시 긍정적인 사고로 확신을 가지고 해야 합니다. 태양을 보면서 충기가 시작되면 태양의 큰 기운이 손바닥 노궁을 통해 몸 안으로 들어오는 강한 느낌을 느껴야합니다.

태양의 뜨거운 느낌을 받아들이면 효과적으로 내공이 강해지고 충기가 됩니다. 이렇게 한 달이나 두 달 정도 하다보면 내공이 쌓여 9시 이후의 아무리 강렬한 태양이라도 바라볼 수 있게 됩니다.

아침에 뜨는 해를 바라볼 수 없는 사람은 4차원 충기법을 이용할 수 있습니다. 동쪽을 바라보고 앉아 좌정한 후 양손바닥을 펴고 손바닥이 하늘을 향하게 하고 양손을 무릎에 올려놓고 눈을 감습니다. 그리고 머릿속에 강렬한 태양을 떠 올리며 명상에 들어갑니다. 명상법은 태양을 바라보며 하는 주문을 그대로하면 됩니다.

아주 중요한 것은 충기 후 반드시 "창조주시여, 창조주시여, 창조주시여, 대우주의 사랑을 주셔서 감사합니다, 대우주의 기를 주셔서 감사합니다, ○○의 소망 ○○○을 이루게 하셔서 감사합니다." 하는 감사를 아껴서는 안 됩니다. 우주의 마음은 사랑이며, 사람의 마음은 감사입니다. 이것은 진리 중에 진리입니다. 이 사랑과 감사 두 마디에 천지조화가 일어납니다.

이렇게 충기를 하면 두 가지 효과를 관철할 수 있습니다. 충기로 내공을 기를 수도 있고 주문으로 소망의 주파수를 확실하게 끌어올 수도 있습니다.

우주의 에너지는 두 가지가 있습니다. 하나는 태양의 에너지인데 인당을 통해 몸 안으로 들어오며 우리 몸의 면역력을 높이고 내공을 강화시켜줍니다. 또 하나는 우주의 에너지인데 백회를 통해 들어오며 우리 정신의 영안을 열어 4차원을 보게 합니다.

🌴 **오아시스** 🐫 태양보고 충기 하기 :

천신기(天神氣)를 전수받아야만 태양을 마주 바라볼 수 있습니다. 무리하면 실명할 수 있으므로 태양을 직접 맨눈으로 보는 것을 삼가십시오.^^

:: 양자의학 기(氣) 치유

기로 질병을 예방하거나 치유할 수 있습니다. 우선 기 수련하지 않은 일반인이 기를 활용하여 치유하는 경우를 보겠습니다.

환자에게 반가운 사람이 병문안을 해주면 치유효과를 봅니다. 반가운 사람의 기가 환자의 기와 어울리면서 환자의 손상된 에너지정보 장을 잠시라도 원상회복시켜줍니다. 그래서 환자는 잠시 아픔을 잊고 밝은 얼굴로 병문안 온 사람과 대화도 하고 즐거운 시간을 가집니다. 이런 경우 환자의 병 치유효과는 굉장히 크다고 하겠습니다.

반대로 혐오스러운 사람이 옆에 오거나, 별로 좋아하지 않는 사람이 다가오면 에너지정보 장은 즉시 긴장하고 수축됩니다. 에너지정보 장이 수축되면 마음이 불안해지고 스트레스를 받기 시작합니다. 이러한 현상이 오래가면 내부 면역성이 저하되어 결국 질병을 얻게 됩니다. 다시 말해, 외부의 영향으로 에너지정보 장이 손상되면 마음이 손상되고 결국엔 육체의 질병을 얻게 됩니다.

여기서 중요한 점은 에너지정보 장의 상호작용 효과입니다. 그것은 누가 주도를 하느냐에 따라 에너지정보 장이 이동된다는 사실입니다. 예를 들어, 환자와 환자 친구가 서로 대화를 해나가는 중에 환자가 아픈 호소나 부정적 의미로 대화를 주도해 나가고 친구는 수긍하며 들어주는 편이 되면, 환자의 에너지정보 장이 친구에게로 유입되어 환자의 치유효과엔 별 도움을 주지 못할 뿐 아니라 오히러 친구가 환자의 질병에 감염될 우려가 있습니다. 특히 정신질환인 경우는 감염 확률이 매우 높음을 주의해야합니다.

힐러(Healer)라 하여 기 수련자가 환자에게 기를 넣고 사기를 걷어내고 질병을 치유하기도 합니다. 유럽이나 미국에서는 병원에서 기 수련자를 채용하여 환자를 간호하게 합니다. 기 수련자의 간호를 받는 환자는 일반 환자 보다 입원일 수를 50% 단축시킨다는 연구결과도 있습니다.

🌴 오아시스 🐪 손의 비밀 :

손은 신경세포에 의하여 몸의 모든 기관과 연결되어 있습니다. 그래서 손을 보고 오장육부의 건강상태를 알 수 있고, 손을 자극하여 치료도 할 수 있습니다. 그림·공간·이미지·기억·과거 등은 우뇌가 관장하며 왼손과 연결되어 있으며, 언어·윤리·수리·깨달음·논리·미래설계 등은 좌뇌가 관장하며 오른손과 연결되어 있습니다.

우리 인체 기공이 84,000개인데 손에 67,200개가 몰려있어 우주의 에너지인 기는 거의 손을 통하여 순환하고 있습니다. 우리가 추울 때 손바닥을 펴서 불을 쬐는 것도 노궁을 통해서 온 몸으로 에너지가 들어가기 때문입니다. 우리 몸에 손을 대면 그 부위에 혈액이 평소 4배가 모입니다. 그러므로 경미한 통증이나 질병은 손으로 어루만져주면 낫습니다. 그래서 어머니 손이 약손이라고 하는 것입니다.^^

생수를 영기파동수로 만들어 마시면 기가 몸에 축적되면서 빠른 치유효과를 볼 수 있습니다. 물은 정보를 전사하고 기억하는 기능이 있습니다. 이러한 물의 기능을 이용하여 물을 치료약으로 이용해도 된다는 이론입니다. 예를 들면 오줌요법이 좋다는 이야기가 있습니다. 이럴 경우 오줌을 한 컵 다 먹지 말고, 한 방울만 물에 타서 먹어도 효과는 동일합니다. 그 이유는, 물은 정보를 잘 기억하므로 오줌 한 방울의 정보만 주어도 물 전체가 같은 성분으로 바뀌기 때문입니다.

엘로드로 환자의 각 신체부위에 퍼져있는 에너지정보 장의 파장을 잴 수 있습니다. 머리부터 발끝까지 각 부위의 파장을 재보면 양호, 보통, 불량의 측정 결과를 볼 수 있습니다. 뇌·눈·코·귀·입·구강·후두·식도·대장·항문 등등, 이렇게 신체 부위의 명칭을 입력시키면서 재나가면 됩니다. 양호는 엘로드가 강하게 벌어지고, 보통이면 나란히 자세에서 조금 더 벌어지는 정도입니다. 불량은 엘로드가 X로 되거나 안으로 오므라진 상태입니다. 엘로드가 X를 가리키면 이미 질병이 진행된 상태입니다.

더욱 정밀한 진단법은 인체해부도를 놓고 신체 각 기관을 엘로드로 재는 것입니다. 마치 MRI를 찍어 영상을 보는 결과와 같습니다. 예를 들어, 위를 볼 경우, 엘로드로 위 해부도상에 검진을 해 나가면 질병이 있는 부위에선 X로 반응을 해 줍니다. 아주 구체적인 부위의 질병상태를 알아 볼 수 있습니다. 엘로드로 수련을 많이 해야 검진 능력이 생깁니다.

글렌 라인(G. Rein)의 양자생물학에 의하면 우리 인체는 눈에 보이는 육체, 눈에 보이지 않는 육체, 그리고 마음이라는 세 가지 구조로 구성되어 있다고 했습니다. 그러므로 양자의학에서는 생체해부학적 치료가 아닌 눈에 보이지 않는 마음의 거처인 에너지정보 장을 살펴보고 손상된 부분을 복원시킴으로써 눈에 보이는 육체를 치료합니다. 이것을 심성치료라고 합니다.

심성치료를 위해 일단계로 마음을 안정시키고 우주의 신선한 에너지인 기를 공급하는 것입니다. 또한 동양의학에서 경락이나, 침술, 뜸, 등을 이용하여 손, 발, 또는 신체 일부를 자극하여 내부의 장기를 치료하는 것도 우리 인체를 소우주로 보는 홀로그램적인 양자의학이론입니다. 뒤편에 상세히 설명하지만, 양자색상치료도 양자의학입니다.

에너지정보 장에 대해 연구해온 미항공우주국의 물리학자였던 바바라 브렌난 (Barbara Brennan) 박사는 그녀의 저서《Hands of Light》에서 에너지치료와 에너지 장에 대해 잘 설명하고 있습니다.

첫째는 에너지 경락들(Energy Meridians)입니다. 에너지 경락들은 체내 기관과 하위시스템인 순환계, 내분비계, 신경계, 소화계 등을 연결하는 내부 에너지 경로이며 이들 경로를 통해 생명 에너지가 흐릅니다. 경락들과 관련된 침점은 침술과 지압에 이용됩니다.

둘째는 차크라 시스템(Chakra System)입니다. 척추를 따라 정신적, 물질적 에너지 교환이 일어나며 우주 에너지를 받아들이는 일곱 개의 주 차크라와 수많은 부수 차크라로 구성되어 있습니다. 차크라들은 내부적으로 아래위로 연결되어 있고, 정수리 부분(Crown)은 위로, 회음부 위쪽(Root)은 아래로, 나머지는 앞뒤로 외부와의 에너지 통로를 가지고 있습니다.

셋째는 에너지 몸체 시스템(Energy Body System)입니다. 만물의 근원이 에너지이므로 인체도 에너지몸체로 설명하고. 차원이 다른 일곱 개의 에너지몸체가 중첩하고 서로 교통하여 한 몸을 이룹니다. 각 에너지몸체들은 특정의 주파수들과 관련된 에너지 형태로 되어있습니다.

육체적 몸체는 육체를 구성하는 원자, 분자, 세포, 조직, 기관들의 각각의 진동에너지와 육체적 몸체가 느끼는 시각, 청각, 촉각, 미각, 후각의 인지에너지 그리고 적외선, 자외선, X-ray, 우주복사에너지가 서로 조화하여 만드는 에너지 복합체입니다.

① 에테르에너지몸체(Etheric Energy Body)는 육체적 몸체와 밀접한 관계를 가지며 육체적 몸체의 상태를 반영하고, 질병이 생기기 수주 또는 수개월 전에 모든 이상이 에테르몸체에서 발견됩니다. 에테르몸체는 육체적 몸체 바깥 1/4~2인치 사이에 매트릭스 형태로 확장되어 있고, 회색으로 나타나며 15~20Hz로 끊임없이 진동합니다. Root 차크라와 관련 있습니다.

② 정서적 에너지몸체(Emotional Energy Body)는 우리 자신의 개성을 결정하는 에너지형태입니다. 우리가 끊임없이 성내고 희망이 없다고 생각하면 이러한 에너지형태에 갇히게 되며 개성이 되어버립니다. 이는 개인적으로 사회적으로 다른 사람과의 교제에 영향을 미칩니다. 정서적 몸체는 육체적 몸체 바깥 1~3인치에 자리하고 무지개 색으로 나타나는 에너지입니

다. 감정의 강도가 크면 밝고 선명하게, 혼란한 상태는 어둡고 진흙탕처럼 나타납니다. Sacral 차크라와 관련 있습니다.

③ 정신적 에너지몸체(Mental Energy Body)는 우리가 진실이라고 여기는 모든 생각과 믿음에 대한 에너지형태이며, 정서적 에너지몸체와 밀접한 관계를 가집니다. 예를 들어 "당신은 신을 믿지 않기 때문에 천국에 갈 수 없다"고 하면, 바보 같은 소리로 웃어넘기는 사람과 심각하게 논쟁을 하는 사람이 생깁니다. 전자는 어떠한 에너지 반응도 없습니다. 그러나 후자는 정신적 몸체에 저장되어 있던 생각에 대한 반응을 정서적 몸체에 기록합니다. 정신적 몸체는 육체적 몸체 바깥 3~8인치에 자리하고 노란빛으로 나타납니다. Solar Plexus 차크라와 관련 있습니다.

④ 아스트랄 에너지몸체(Astral Energy Body)는 물질계와 영계를 연결하는 다리 역할을 하며, 이곳을 통해 물질계와 영계 사이의 에너지흐름이 일어납니다. 사람들 사이의 사랑과 관계를 나타내며, 육체적 몸체 바깥 1/2~1피트에 자리하고 사랑의 장미 빛으로 나타납니다. Heart 차크라와 관련 있습니다.

⑤ 에테르템플리트몸체(Etheric Template Energy Body)는 육체적 몸체의 성장, 유지, 보수를 담당하며, 물질계의 에테르몸체에 나타나는 육체의 질병과 불균형을 회복합니다. 에테르몸체는 육체적 몸체의 성장과 발육을 인도하는 홀로그램입니다. 육체적 몸체 바깥 1.5~2피트에 자리합니다. Throat 차크

라와 관련 있습니다.

⑥ 천체에너지몸체(Celestial Energy Body)는 인지와 관련하여 보다 차원 높은 감정, 생각에 접근하게 합니다. 육체적 몸체 바깥 2~3피트에 자리합니다. Brow 차크라와 관련 있습니다.

⑦ 원인에너지몸체(Casual or Ketheric Energy Body)는 신과 우주적인 의식과 관계를 가지며, 우리의 경험과 관련된 모든 정보를 포함하고 우리가 배우고 경험한 모든 것에 대한 총체적 의식을 반영하며 옳고 그름의 판단력, 지적 욕구, 강한 의지를 포함합니다. 육체적 몸체 바깥 3.5피트까지 자리합니다. Crown 차크라와 관련 있습니다.

위에서 열거한 7개의 에너지몸체가 인체에너지 장을 만들고 계란모양을 하고 있습니다. 인체에너지 장은 사람이 경험하는 상황에 따라 더 확장될 수도 있고 축소될 수도 있습니다. 예를 들어, 사람이 무조건적인 사랑을 느낄 때 에너지 장은 수 피트까지 확장되며 금색 또는 희고 밝은 색채로 빛납니다. 그러나 같은 사람이 육체적 정서적으로 위협을 느낄 때는 단지 2~3인치로 줄어듭니다.

요약하면, 인체에너지 장은 체내의 에너지 흐름, 외부 에너지(자연, 우주)와의 교신, 물질계와 영(靈)계 에너지를 총체적으로 포함합니다.

🌴 오아시스 🐫 우파와 좌파 :

  우파적(긍정적) 생각 · 행동 · 감정 등은 우주의 에너지를 유입시킵니다. 반면 좌파적(부정적) 생각 · 행동 · 감정 등은 몸속의 에너지를 소모시켜 상처를 입힙니다.^^

🌴 오아시스 🐫 잠시 쉬어갑시다.

  여기까지 오시느라고 수고하셨습니다. 이 오아시스는 우주에서 가장 신성한 에너지가 많이 나오는 곳입니다. 이 오아시스 물을 마시면 소원성취와 무병장수의 에너지를 받게 됩니다. 바가지로 떠서 벌컥벌컥 마시고 한숨 푹 자고 길을 떠나십시오. 자, 심호흡을 크게 세 번하고 눈을 감으세요. 그리고 오아시스를 떠올리세요. 야자수 그늘 아래 큰 바위 계곡 아래로 10m 정도 내려가면 샘물이 고여 있습니다. 옆에 놓인 바가지로 떠서 마시면 됩니다. 이 오아시스는 천상의 오아시스입니다. 이미 당신은 우주 깊숙이 들어왔으며 최종목적지가 가까워지고 있습니다. ^^

:: 수맥과 그 피해

① 수맥

  수백 미터 지하의 투수층과 불투수층 사이에 포화대가 있으며, 이 포화대에 고여 흐르는 물을 수맥이라고 합니다. 수맥파란 포화대 상층의 공기로 채워진 통기대가 커지면서 상부 수분을 빨아들이는 힘인 전단력과 포화대 속의 여러 광물질의 전기자기파와, 포화대를 통과하면서 지구내부에서 방출하는 자연붕괴 방사능 중에서 감마(γ)선 변조파가 수직상승하는 파장입니다. 이 유해 좌파를 수맥파라 합니다.

지구는 무한한 지구방사선 에너지를 내보내고 있습니다. 이러한 지구에너지는 수맥을 통과하면서 강한 변조파를 형성하는데 외국에서는 이것을 지구유해파(geopathic stress), 해로운 지구방사선파(harmful earth radiation), 혹은 병인성지대(pathogenic zone), 교란성지대(zone of disturbance)라고 부르는데 우리는 이것을 수맥파라고 합니다.

지구 내부에서는 지열의 열원(熱原)인 자연 방사능 동위원소가 핵분열로 인하여 방사능을 자연 붕괴시키며 방사선을 발생시키는데, 이때 알파(α), 베타(β), 감마(γ) 방사선 중에서 감마선이 수직상승하여 수맥을 통과하며 핵방사능의 감마선 변조파를 생성합니다.

이렇게 감마선 변조파로 발생된 수맥파는 땅속의 두꺼운 암석이나 토양을 뚫고 그 파장이 지상까지 전달됩니다. 이 수맥파는 지상에만 머물지 않고 지상의 구조물을 대부분 통과하여 수직으로 상승하며 그 방사거리는 무한대입니다.

② 수맥파의 피해
침실에 수맥이 있으면 수면장애현상으로 악몽이나 불면에 시달립니다. 책상에 수맥이 있으면 주위가 산만하고 기억력이 감퇴되며, 편두통 등에 시달립니다. 사업장에 수맥이 있으면 근무의욕과 창의력이 저하되고 사업적으로 실패할 수 있습니다.

또 임산부의 경우는 유산이 되거나 기형아를 낳을 확률이 높아집니다. 건물 밑으로 수맥이 지나가면 벽면에 균열이 수직으로 발생합니다. 묘소 밑으로 수맥이 지나가는 경우에는 잔디가 죽으며 봉분이 서서히 내려앉고, 묘소 전체가 흉물스럽게 변합니다.

수맥파는 유해 좌파입니다. 이 유해파가 어떤 형태로든 동물이나 식물에 나쁜 영향을 미칩니다. 몇몇 동물을 제외 하고 대부분 동물들은 수맥을 싫어합니다. 그래서 자연 방목하면 이들이 잠잘 때는 수맥이 없는 장소를 골라 잠을 잡니다. 식물도 수맥 위에는 성장을 못하고 고사됩니다.

그러나 수맥을 좋아하는 동식물도 있습니다. 개미, 바퀴벌레, 벌, 고양이와 같은 동물들과 쑥, 이끼, 억새풀과 같은 식물들입니다. 그러므로 이들의 서식 상태만 잘 관찰해도 수맥을 읽을 수 있습니다.

③ 수맥 탐사와 차단

이러한 수맥파는 인체조직의 면역체계에 이상을 초래하며 인간생활에 장애를 일으키거나 해로운 영향을 주며 암과 각종 질병을 일으키는 것으로 밝혀지고 있습니다. 그러면 이러한 유해파인 수맥을 어떻게 탐사하고, 수맥이 발견되면 어떻게 대처하며, 수맥의 피해를 막을 수 있는지 방법을 말하겠습니다.

수맥을 감지하는 여러 가지 방법이 있으나, 제일 정확성이 높은 것이 엘로드에 의한 탐사법입니다.

먼저 수맥을 머리에 입력시키고 주파수를 맞춘 후 주문을 외웁니다. "수맥이 있으면 반응하세요."

이때 엘로드를 양손에 쥐고 전방으로 진행하면 수맥파가 인체의 에너지정보 장에 잡히며 엘로드가 X자로 반응을 합니다. 그리고 얼마간 진행하다 보면 다시 엘로드가 원상태로 나란히 됩니다. X자 반응으로 유지된 부분이 수맥의 폭이 됩니다.

다시 수맥의 폭을 중심으로 좌나 우로 방향을 전환하여 진행할 때, 계속 엘로드가 X자로 유지되어 나가면 전방이 수맥의 상류로 전방에서 후방으로 수맥이 흐르고 있다는 것을 알 수 있습니다. 엘로드는 수맥을 거슬러 올라가면 X로 반응하고 수맥을 따라가면 나란히 반응을 보입니다. 이렇게 X로 반응이 나타나면 다시 확인합니다. "수맥 맞습니까?"

이때 X로 반응하면 수맥이 맞습니다. 수맥, 지전류, 영혼, 음기, 전자파, 기타 유해파는 X로 반응하기 때문에 꼭 확인 질문을 해야 합니다.

수맥을 차단하는 방법으로는, 수맥파는 유해 좌파이므로 우파로 전환시키는 방법이 있습니다.

스핀은 도형이나 글씨나 부적 등에도 정보 입력이 가능하므로, 우파가 나오는 도형이나 기 사진 또는 기가 나오는 글씨를 수맥의 상류에 부착하면 수맥파가 전환되어 유익한 우파가 됩니다. 수맥을 차단하기 위해 여러 가지 차단재를 개발하여 팔지만 효과가 없는 것도 있습니다.

제3부

우리는
누구인가?

이제는 우리가 누구인지를 알아야 합니다. 앞장에서 우리는 어디서 왔는지, 어디에 있는지에 대해 탐구했습니다. 다시 말해, 우리가 사는 우주와 대자연이라는 무대를 열심히 탐구했습니다. 지금부터 대자연의 무대에서 활동하는 배우인 우리에 대해 신원파악을 해 보겠습니다.

제8장

창조의 주역

:: 창조의 비법

잘 살고 못 사는 것이 팔자소관이라고 모두들 말합니다. 태어난 환경부터 성장과정에 이르기까지 불공평해서, 이런 것을 운명이라고 받아들이며 살아야 한다고들 말합니다. 실제적으로 돈 많은 부잣집에서 태어나 큰 노력 없이 부모가 물려준 재산으로 호의호식하며 사는 사람도 많이 있습니다. 그래서 사주팔자가 맞는 것 같고 인생에 운명이라는 게 있는 것은 아닌가 하는 의구심도 듭니다.

그러나 이 세상의 이치를 살펴보면, 사주팔자니 운명이니 하는 역술적인 말은 하나의 평계에 불과합니다. 불공평하게 태어나서 불공평하게 산다는 것은 통계적 현상일지는 모르지만, 절대적 진리가 아님을 분명히 말해둡니다. 우리가 잘살고 못사는 것은 타고

난 운명이나 타고난 사주팔자이기 보다는 생각의 불공평에서 생긴 자연현상임을 알아야 합니다.

오늘의 우리가 사는 모습은 어제의 우리의 생각에서 발현된 현실입니다. 홀로그램우주에서 우주는 에너지정보 장에 의하여 하나로 통일되어 있다고 했습니다. 내 몸 밖은 전부 우주입니다. 우리는 우리의 생체에너지정보 장으로 우주와 상접해 있습니다. 그러므로 해서 우리는 우주에서 맑은 에너지를 백회를 통해 우리 몸 안으로 받아들여 365곳의 경혈을 통해 우리의 몸 안의 세포 구석구석을 순환한 후에 탁한 기운을 몸 밖으로 내 보냅니다.

이렇게 우리는 우주와 항시 에너지 교환을 합니다. 에너지 교환은 단지 에너지만 주고받는 것이 아니라 정보교환을 함께 합니다. 그래서 '우리 몸은 에너지정보 장' 이라고 양자생물학자 글렌 라인은 말했습니다.

글렌 라인(G. Rein)의 양자 생물학의 핵심에서, 생물은 눈에 보이는 육체, 눈에 보이지 않는 육체 및 마음이라는 세가지 구성 성분으로 되어 있다고 했습니다. 여기서 눈에 보이지 않는 육체에 대하여 글렌라인은 별도로 정보-에너지 장(information-energy field)이라는 용어를 사용하였고, 정보-에너지 장은 구체적으로는 미세파동(subtle wave)이라고 하였습니다. 이 미세파동(초양자 장)에 의하여 우주와 정보교환을 한다는 것입니다.

론다 번은《시크릿》이라는 책에서, 끌어당김의 법칙을 이야기했습니다. 그 중 창조과정의 내용을 인용해 보겠습니다.

제1단계: 구하라!

우주에 명령을 내려라. 당신이 무엇을 원하는지 우주에 알려라. 우주가 당신 생각에 응답할 것이다 …… 명확하지 않으면 당신의 소망을 들어 주지 않는다. 뒤죽박죽된 신호를 전송하면 뒤죽박죽된 결과만 얻을 뿐이다.

제2단계: 믿어라!

소망이 이미 이루어졌다고 믿어라. 보이지 않는 것을 믿어라. 소망을 요청한 순간 이미 당신 것이 되었다고 믿어야한다. 지배적인 생각을 해야 한다…… 어떻게 그것이 이뤄질지, 어떻게 그것을 우주가 당신에게 보내줄지 신경 쓸 필요가 없다. 우주가 일하도록 내버려둬라.

제3단계: 받아라!

멋진 기분을 느껴라. 받을 때 느낄 감정을 지금 느껴라. 지금 느껴라. 이 과정에서 행복을 느끼고 기분이 좋아지는 게 중요하다. 기분이 좋으면 원하는 것과 같은 주파수대에 있게 되기 때문이다… 주파수에 빨리 맞추는 한 가지 방법은 이렇게 말하는 것이다. "난 지금 내 소망을 받고 있어."

이상은 시크릿의 내용 중 일부입니다. 나는 이 책의 모든 내용을 이해했고 실제 수많은 체험을 했습니다. 지금부터 왜 이러한 주장이 터무니없는 이야기가 아니라 사실인지에 대하여 말하겠습니다.

홀로그램 우주는 마치 거대한 유기체와 같습니다. 이 우주는 물질이든 허공이든 에너지정보 장으로 가득 차 있어 거대한 우주가 하나로 통일되어 있습니다. 그러므로 이 거대한 우주는 에너지와 정보의 바다입니다. 우리가 구하고자 하는 모든 것은 이미 우리의 손끝에 파동치고 있습니다. 이것은 자연현상이며 대우주의 모습입니다. 우리가 오늘날 혼돈 속에 사는 것은 우주의 모습을 모르고 대자연의 현상을 무시하고 살기 때문입니다.

우리들은 성경이나 불경을 통하여, 또는 성현(聖賢)들을 통하여 이미 수많은 진리의 메시지를 받았습니다. 그러나 대부분의 사람들은 귀를 기울여 듣지 않습니다. 오로지 눈앞에 보이는 작은 이익에 몰두하여, 희(喜)·노(怒)·애(哀)·락(樂)·애(愛)·오(惡)·욕(欲)의 7정의 바다에 빠져 허우적거리고 있습니다.

우리가 사는 이세상은 결코 운명이나 사주팔자로 정해지지 않았습니다. 그런 역학은 핑계에 불과합니다. 우주의 마음을 모르고 우리의 마음도 모르고 살고 있으므로 당연히 고통과 혼돈의 바다에서 허우적거리며 팔자타령을 할 수 밖에 없습니다.

오늘날 감사는커녕 모두가 서로 밥그릇 싸움만 하고 서로 자기 것만 챙기고 모든 것을 남의 탓으로 돌리고 있으니, 그 어느 한구석도 사랑이나 감사의 흔적을 찾을 수가 없습니다. 가우스적인 오늘의 사회현상은 당연한 것입니다.

우주에너지정보 장은 우주의 마음이며, 우리의 에너지정보 장은 우리의 마음입니다. 사랑은 우주의 마음이기 때문에 물이 우리의 말을 알아듣고 결정체 꽃을 피우고, 농작물이 우리의 말을 알아듣고 더 좋은 수확을 가져다주며, 젖소가 우리의 말을 알아듣고 많은 우유를 생산해줍니다.

홀로그램우주에서 부분은 전체의 정보를 담고 있다고 했습니다. 물, 꽃, 동물, 하다못해 무생물일지라도 이 세상 그 모든 존재는 사랑을 원합니다. 부분이 전체의 정보를 담고 있으니 꽃의 결정체를 보이는 물의 마음이 사랑이면 우주의 마음도 사랑입니다. 이 세상의 가장 큰 언어는 사랑과 감사입니다. 이것은 진리 중에 진리라고 했습니다.

이 한마디 진리를 전달하고자 부처는 8만대장경을 남겨야했고, 예수는 구약과 신약에서 수없이 많은 예를 들어가며 우리를 가르치려고 했습니다. 하지만 불행히도 사람들은 이 진리에 아직도 도덕적 윤리적 이상의 의미를 부여하지 않으려합니다. 아마 당신도 그럴 것입니다.

만일 우리가 여기서 우주의 마음을 진정으로 알고 우리의 마음을 진정으로 깨우쳤다면, 가우스적인 오늘의 모든 문제는 스스로 풀리고 칠정의 바다에서 빠져나올 수 있게 됩니다. 그리고 건강이든 물질이든 모든 소망을 다 이루고 느긋하고 풍요로운 삶을 누릴 것입니다.

사주팔자가 나쁘고, 관상이 나쁘고, 이름이 나쁨을 염려할 필요가 없습니다. 이러한 역술은 자연의 이치 어디에도 없는 허구의 철학이며 관습적 통계입니다. 우리가 이러한 역술을 믿는데 문제가 있습니다. 자기조직화의 법칙에 그 믿음은 확대 재생산되어 그 믿음대로 결과가 나타나는 현상일 뿐입니다.

중요한 것 중에 하나가 더 있습니다. 그것은 심상입니다. 아무리 사주가 나쁘고 이름이 나쁘더라도 심상만 올바르면 모든 부정적인 역술은 다 묻히게 됩니다.

뉴턴의 고전물리 법칙에 결정론이라는 것이 있는데, 이미 미래는 결정되어 있다는 이론입니다. 뉴턴역학에 따르면, 물체가 힘을 받으면 운동을 하는데 운동의 법칙에 의해 그 물체의 위치를 알 수 있다는 것입니다. 예를 들어, 공을 던지는 순간의 속도와 방향. 높이를 정확히 알면 뉴턴의 공식에 의해 낙하지점을 정확히 계산해 낼 수 있으므로 공을 던지는 순간에 이미 낙하지점인 미래가 결정된다는 것입니다.

프랑스의 과학자 라플라스는 만일 우주의 모든 물질의 현재 상태를 정확히 알고 있는 생물이 있다면, 그 생물은 우주의 미래의 모든 것을 완전히 예언할 수 있다고, 즉, 미래는 결정되어 있다고 단정 지었습니다. 이 가상적인 생물을 '라플라스의 괴물' 이라고 합니다.

그러나 양자론에서 하이젠베르크의 불확정성관계에 의하면, 미시세계에서 소립자들의 상태공존과 이중성으로 소립자들의 운동량과 위치를 동시에 결정할 수 없으며, 에너지와 시간도 동시에 결정할 수 없습니다.

예를 들면, 전자나 광자는 파동의 성질과 입자의 성질을 동시에 가지고 있으므로 파동과 입자의 이중성을 가진 물질입니다. 이러한 이중성은 자연법칙에 위배되는 현상입니다. 왜냐하면, 파동과 입자는 성질이 다른 물질입니다. 또 전자나 광자는 하나가 복수의 상태(위치나 운동량)를 동시에 가집니다. 즉, 하나의 물체가 같은 시간에 복수의 장소에 존재합니다. 그러므로 양자역학에 의한 미시세계에서는 미래를 예측할 수 없습니다. 미래는 결정되어 있지 않다는 말입니다.

사주팔자나 성명철학이나 관상 등 역학적 관점에 의한 운명론은 자연현상이 아닙니다. 우리의 고정관념만 깰 수 있다면 이러한 역술은 무시해도 좋습니다. 더 중요한 것은 우리의 심상입니다.

아무리 우리가 못 생기고 아무리 우리가 비천하게 태어나고 아무리 우리가 불공평한 환경에 처해 있어도, 우주가 좋아하는 심상으로 긍정적 생각을 가지면 우주는 우리에게 최대한을 베풀어 줍니다. 이 세상을 우리 스스로가 창조하도록 도와줍니다. 그리고 우리는 우리 주위에 어려운 환경에서 스스로 소망을 창조하고 살면서 크게 성공한 사람들을 목격합니다.

지금부터 우리는 어떠한 핑계도 대지 말고 우리가 바라는 미래를 창조해 나가야 합니다. 성경에 창조주는 말씀으로 세상을 창조하셨습니다. 그렇다면 우리는 감사로 우리의 소망을 창조하면 됩니다. 양자역학의 관찰효과에서 보았듯이, 우리가 의식을 가지고 실상을 관측하는 순간 그 실상은 존재합니다. 관찰을 멈추는 순간 실상과 허상이 공존 하는 상태공존의 세계로 들어갑니다.

우리의 의식 속에 소망의 주파수를 명확히 맞추고 소망을 창조해야 합니다. 의식이 없고 진정성이 없으면 소망과 소망의 허상으로 된 상태공존 세계에 머물게 됩니다. 관찰효과에 의하면 의식이 세상을 창조한다고 합니다. 의식하지 않으면 자연계는 모든 것이 모호하다는 하이젠베르크의 불확정성관계에서 보듯이, 관찰(의식)이 세상을 창조하는 것입니다.

양심에 대해 말하겠습니다. 양심은 우리 무의식 속의 신성의 초병입니다. 마음을 순찰하면서 부정한 것이 적발되면 즉시 퇴치시킵니다. 그래서 양심은 마음을 항상 정화시켜줍니다. 양심은 심판자입니다. 양심은 내가 아닙니다. 양심은 창조주의 초병입니다.

마음이 병들어 이것이 의식을 통해 무의식까지 침투하면 내면에 존재하는 신성을 훼손시킵니다. 신성이 훼손되면 우주의 마음이 훼손 됩니다. 우주는 그냥 존재하는 것이 아닙니다. 가혹한 형벌로 고통을 받게 합니다. 그 고통의 크기는 우주의 마음을 다치게 한 열 배의 고통을 줍니다. 양심을 속여 얻은 행복은 행복이 아니라 미래 형벌의 고통 입니다. 우주는 우리의 모든 행동을 다 기억하고 한 치의 오차도 없이 그 대가를 치르게 합니다.

:: 관찰자 효과

이 우주는 다양한 차원으로 이루어져 있고 관찰자가 어느 차원에 있는가에 따라 다르게 보이고 다른 경험을 합니다. 경험하는 존재계는 그 관찰자의 의식 상태에 따라 달라지는데 사실은 의식상태가 객관상태를 만들고 있는 것입니다. 한차원의 세계는 많은 생명과 만물이 비슷한 의식 상태와 파동을 발산하여, 입체 영화같이 하나의 우주와 세상을 형성하여 삶을 살아가는 것입니다.

이세상이란 바로 우리 각자의 의식상태가 나타난 것이고, 개인의 입장에서 보면 자신의 의식이 모든 우주를 만들고 있는 것입니다. 이 우주는 무한대와 무한소의 세계가 끝이 없이 이어지고 수평적으로도 우주의 개수는 무한입니다.

그럼 우주는 왜 무한할까요? 이것에 대한 원리는 다음과 같습니다. 우주는 같은 파동의 의식이 모여 형성된 것으로 무한으로 갈수록 그 파동이 엷어져 무의 상태가 됩니다. 그러나 의식의 여행이나 실제 무한속도의 비행체를 타고 무에 가까운 우주를 탐사한다면, 도착하는 그곳에서 즉시 다른 차원의 생명의 의식의 파동과 결합되어(홀로그램), 그 자리에서 또다시 무한의 세계가 형성되므로 그 끝에 도달할 수가 없는 것입니다.

이것은 마치 두 개의 거울 사이에 촛불을 놓으면 끝이 없는 상이 비추어져 무한히 연속되는 것과 같습니다. 빛에 따라 상이 보여지는 원리와 같은 것으로 잘 안 보이는 곳에 가서 다시 빛을 밝히면 끝없이 그 상이 나타나는 것과 같은 현상입니다.

저 앞의 산과 물이 의식과 별개인 실재와 같이 보이지만 그 구성의 근본인자는 우리 의식의 파동의 축적으로 이루어진 것입니다. 의식은 무의식이 있기 때문에 존재할 수 있는데, 순간 속에 끝없이 양극으로 이동합니다. 이것의 이동속도의 차이가 각 차원을 만들고 있으며, 삼계라고 하는 우주는 따라서 이 순간 속에도 나타났다 사라졌다 하는 현상을 반복하면서 존재하고 있습니다. 즉, 우리가 인식하지 못하는 엄청난 진동수로 온 우주가 깜빡깜빡하며 생성과 소멸을 반복하고 있으며, 각각의 고유진동수가 무한히 크기도 하고 무한히 작기도 하므로 무한차원의 우주가 존재하게 되는 것입니다.

:: 삼계 (三界)

중생이 생사유전(生死流轉)하는 미망의 세계를 3단계로 나눈 것입니다. 삼계란 욕계 · 색계 · 무색계를 말합니다. 중생들이 윤회하면서 존재하는 세계이므로 삼유(三有)라고도 하고, 괴로운 곳이기 때문에 고계(苦界)라고도 하며, 괴로움이 바다처럼 끝이 없기 때문에 고해(苦海)라고도 합니다.

① 욕계(欲界) :
삼계 가운데 가장 아래에 있으며 성욕 · 식욕 · 수면욕의 세가지

욕망을 가진 생물들이 사는 곳입니다. 윤회 가운데 있는 여섯 가지 존재 모습 중 지옥(地獄), 아귀(餓鬼), 축생(畜生), 아수라(阿修羅), 인간(人間)의 다섯 가지와, 사왕천(四王天), 도리천(忉利天), 야마천(夜摩天), 도솔천(兜率天), 화락천(化樂天), 타화자재천(他化自在天)의 육욕천(六欲天)이 여기에 속합니다.

② 색계(色界)

욕계의 위에 있는 세계로서 천인(天人)이 거주하는 곳을 말합니다. 이 세계에 거주하는 중생들은 음욕을 떠나 더럽고 거친 색법에는 집착하지 않으나 청정하고 미세한 색법에 묶여 있으므로 색계라 합니다. 즉, 물질적인 것은 있어도 욕망을 떠난 청정한 세계로 남녀의 구별이 없습니다. 사선천(四禪天) 또는 사정려처(四定慮處)라고도 합니다.

③ 무색계(無色界)

물질세계를 초월한 세계로서 물질을 싫어하며 벗어나고자 하여 사무색정(四無色定)을 닦은 사람이 죽은 뒤에 태어나는 천계를 말합니다. 물질적 존재나 처소가 없기 때문에 공간적 개념을 초월합니다. 그러나 과보(果報)의 우열에 따라서 공무변처(空無邊處), 식무변처(識無邊處), 무소유처(無所有處), 비상비비상처(非想非非想處)의 네 가지로 나눕니다. 사무색천(四無色天) 또는 사무색처(四無色處)라고도 합니다.

중생들의 세계를 총칭하는 삼계는 여러 세계로 분류되고 각각의 세계에 따라 수명이나 고통의 정도가 다르나 모두 윤회의 과정에 있는 고해라는 점에서는 같다고 할 수 있습니다.

의식이라는 것이 무한의 차원이므로 이 우주도 무한인 것입니다. 그런데 의식의 근본은 본래 본성이라고 하는 깨달음에서 나온 것인데, 실제 그것은 인과적으로 나온 것이 아니라 하나의 착각현상입니다.

이러한 정신세계의 근시안적 견해에서 벗어나야 합니다. 메시야, 구원, 말세, 절대자, 신, 아바타, 신성, 텔레포테이션, 양심, 공중부양, 물질창조, 소거, 성자, 이 모든 것이 꿈입니다.

오직 본성계합만이 유일한 해방과 탈출구입니다. 어머니 여신의 프로그램과 깨달음의 존재들의 노력은 본성계합 속에 마지막 꿈의 관성을 이용하여 집착 없이 돕는 것입니다.

최후의 인식을 깨닫는 것, 최후의 인식 그 자체가 되는 것, 이것이 바로 깨달음이요 본성계합입니다. 과거의 많은 선각자들은 이 최후의 인식을 "보려고 하는 자를 보아라" 혹은 "생각 이전의 자리" 등으로 표현하였습니다.

🌴 오아시스 🐫 인생길 :

인생길은 두 가지가 있습니다. 하나는 천상의 길입니다. 정신적 삶의 길이며 동경과 슬픔과 그리움이 있는 낭만주의고 이상주의입니다. 사람들은 항상 별을 바라보며 천상의 길을 걸어갑니다. 다른 하나는 지상의 길입니다. 육체적 삶의 길이며 고통과 욕망과 쾌락이 있는 현실주의며 이기주의입니다. 항상 고뇌의 땅을 딛고 지상의 길을 살아갑니다.

별이 그리움과 동경의 대상인 까닭은 우리 몸의 구성원소의 고향이므로 아련한 향수가 우리 몸 구석구석 배어있기 때문입니다. ^^

:: 자연의 이치

이제 우리는 결정론적인 고전이론에서 탈피하여 불확정성의 양자론적 사고를 가지고 미래를 창조해 나가야한다는 것을 알았습니다. 불확정성이란, 미래는 정해진 것이 아니라 관찰자의 의식에 의해 창조된다는 뜻입니다.

그 어떤 운명론적 사주팔자, 관상, 성명 등, 역술에 발이 묶일 이유가 없음을 알았습니다. 심상 하나면 모든 것이 해결됩니다. 우선 우주가 마음에 드는 심상을 가져야합니다. 그것은 사랑을 추종하는 감사의 심상입니다. 마음에 사랑과 감사가 가득하면 에너지가 충만되고 미래를 창조하는 힘이 왕성해집니다. 이제 우주의 마음을 알고 대자연의 품에 안겨 재롱부리며 우주의 사랑을 듬뿍 받으며 사는 것입니다.

에너지정보 장으로 가득 찬 우주는 하나로 통일된 유기체임을 알았습니다. 우리의 소망의 주파수를 명확히 설계하여 우주에 발산하면 전 우주가 우리의 소망의 설계도면을 읽고 우리의 소망의 주파수와 맞는 여러 가지의 정보들이 몰려오기 시작합니다.

그 많은 정보들 중에 우리의 소망을 성취시켜줄 정보가 우리의 에너지정보 장에 수신되어 소망을 이루게 해 줄 것입니다. 진정으로 간곡하게 구하라! 믿어라! 받아라! 감사하라!

우리가 할 일은 이것뿐입니다. 이렇게 삶을 창조해 나가면 우리는 건강과 행복의 세상을 만끽할 수 있습니다. 다시 한 번 우주의 진리를 강조한다면 사랑·감사·소망·믿음이며, 이 네 단어는 언어라기보다는 절대자와 교감할 수 있는 최고의 선물입니다.

우리는 물이 말을 알아듣고, 구름이 말을 알아듣고, 농작물이 말을 알아듣는 사실에서 우주는 우리와 독립된 별개가 아니라 에너지정보 장으로 연결되었다는 사실을 알았습니다. 그리고 우리의 요구를 알아듣고 들어 준다는 사실을 알았습니다. 그 옛날 우리 조상들이 정화수 떠놓고 천지신명께 소망을 빈 연유를 이해할 수 있게 되었습니다.

이제 우리는 어떻게 하면 이 세상을 잘 살 수 있는지 그 비밀을 알았습니다. 미신보다도 더 미신 같은 이야기가 자연현상이라는 사실도 물리이론으로 규명했습니다. 우리가 지하 수맥을 찾고 기를 찾을 수 있는 것이 초능력이 아니라 해와 달이 동쪽에서 떠서 서쪽으로 넘어가는 자연이치와 똑 같은 이치라는 사실도 알았습니다.

우리가 사는 이 세상이 더 이상 불공평한 세상이 아니라는 것을 알았고, 더 이상 팔자타령을 해서는 안 된다는 것도 알았습니다. 아무리 경기가 나쁘고 환경이 나빠도 우리의 창조적 삶에 아무 영향을 미치지 못한다는 확신도 얻었습니다.

긍정적 사고가 창조의 첫 걸음입니다. 자기조직화의 나비효과와 같이 좋은 생각을 함으로써 좋은 일이 좋은 일의 꼬리를 물고 자꾸 좋은 일만 몰려오도록 하고, 사랑과 감사의 진리를 진정으로 즐기며 살아가는 것입니다.

"네 시작은 작으나 나중은 창대하리라"(욥8:7)라는 성경 말씀처럼 창조의 첫걸음은 비록 작은 일이지만 결과는 창대한 삶을 성취할 수 있습니다.

:: 초능력

태권도에서 머리로 벽돌을 깨는 경우, 뉴턴의 운동의 법칙에 의하면 작용과 반작용으로 머리가 깨져야 합니다. 그러나 창조의 법칙에 의하여 벽돌을 깰 수 있다는 신념의 주파수를 우주에 띄우자, 벽돌을 깰 수 있는 에너지가 사방에서 몰려와 머리로 벽돌을 깨는 것입니다.

입에 납 용액을 넣었다 뱉으면 그 납덩어리가 종이에 떨어져 불이 붙는 경우 또한 같은 이치로 사방에서 기가 몰려와서 납 용액의 뜨거움을 견디도록 해줍니다.

이는 마치 태양을 보고 충기할 경우 태양을 바라보는 즉시 기가 태양을 검은 색으로 막아 눈부심을 없애주는 이치와 같습니다.

나는 이 세상에 초능력이나 미신은 없다고 단언합니다. 우리가 살아가면서 경험하고 목격하는 모든 사건들은 자연현상일 뿐이라고 봅니다. 단지 오인으로 잘 못 알고 있거나 자연의 이치를 미처 깨닫지 못해서 우리가 모르고 있을 뿐입니다. 우리가 이해가 안 되고 모르는 대부분의 현상들은 지나치게 물질계로만 이해하려고 하기 때문입니다.

우주만물은 에너지에서부터 출발합니다. 그러므로 에너지는 이미 의식이 내재되어있는 상태로 소립자와 원자 분자로 진화되어 나갑니다. 이는 우주만물은 자연적으로 의식이 있다는 말입니다. 우리가 생각하는 것 보다 훨씬 광대한 세계가 의식계입니다. 오늘날 물질 만능주의의 과학이 의식계의 자연의 이치를 무시하고서 이해가 안 된다고 하여 초능력이니 초자연이니 등등, 미신보다도 못한 말들을 합니다.

적극적 의식행위는 우주에너지정보 장에 산재된 필요한 물체에너지정보 장을 이용할 수 있습니다. 우리의 의식과 물체에너지 장이 공명하면 소위 말해서 초자연이라는 현상이 일어납니다. 의식의 에너지는 그 자체로서는 물질을 파괴할 수가 없지만, 어느 정도 물질적 구성체가 있으면 그 구성체를 아주 강하게 에너지작용을 하도록 지원할 수가 있습니다.

역사적 일화이지만, 임진왜란 때 전쟁이 끝나고 일본에 잡혀간 백성을 구하기 위해 사명대사가 배를 타고 일본에 갔습니다. 일본 조정에 들어간 사명대사는 조선 백성들을 풀어 주고 환국시키도록 강력히 요구했습니다. 만일 요구에 응하지 않으면 큰 재앙을 불러

오겠노라고 위협했습니다. 일본국 조정은 사명대사가 공갈인지 진짜 괴력이 있는지 시험을 했습니다. 사명대사가 자는 방바닥에 철판을 깔고 밤 새도록 불을 지폈습니다. 물론 밖으로 못나가게 문을 봉쇄했습니다.

아침에 일본국 관리가 죽어 있을 사명대사를 생각하며 문을 열고 들어가 보니, 사명대사의 수염에 고드름이 달려 있고 눈썹엔 하얀 서리가 내려있었습니다. 사명대사는 일본국관리를 보자 호통을 쳤습니다.

"일본국은 기후가 따뜻하다는 이야기를 들었는데, 어찌 이렇게 춥단 말이오. 날씨가 추우면 방에 불을 좀 넣어 주면 되련만, 어찌 손님을 이렇게 박대할 수가 있단 말인가."

이 광경을 목격하고 일본국관리는 기겁을 하고 국왕에게 보고하여 사명대사의 요구대로 조선의 백성들을 환국시켰다고 합니다. 사명대사는 기상을 조절하고 냉기를 불러들이는 원리를 알았습니다. 이 또한 에너지정보 장의 비국소성원리와 주파수에 의한 창조원리의 작용입니다.

역사상 기상이변으로 일어난 유명한 사건들이 있습니다. 삼국지의 제갈공명의 동남풍, 성경에 기록된 노아의 홍수, 모세의 홍해바다길 등이 그 대표적인 사건입니다.

그리고 기상에 의한 기적 같은 사건이 수 없이 많이 있습니다. 나는 이 세상에 그 어떤 기적도 없다고 생각합니다. 이 세상에 일어나는 모든 사건은 자연현상일 뿐이라고 생각합니다.

제갈공명은 동남풍이라는 소망의 주파수를 우주에 띄우고 간곡히 기도를 올렸습니다. 3일째 소망은 이루어져 동남풍이 불기 시작하였고, 오나라와 촉나라 동맹군은 위나라 조조의 80만 대군을 화공으로 전멸시킨 적벽대전이라는 역사적 사건을 창조한 것입니다. 우리가 구름을 지우고 비를 멈추게 하는 것과 다를 바 없는, 제갈공명의 동남풍도 자연현상일 뿐이었습니다.

모세의 기적도 이해가 가능한 사건으로 봅니다. 수십만 백성들을 인솔하고 이집트를 탈출하는 과정에서, 뒤에는 추격군이 질풍처럼 달려오고 앞에는 바다가 가로막고 있습니다. 이 절대 절명의 처지에서 간절한 기도가 우주에 전달되어 홍해바닷물을 갈라 길을 열어 준 것입니다. 수십만 명의 간절한 열망의 힘이 대자연의 괴력을 불러들인 것입니다.

제갈공명이나 모세는 우주가 에너지정보 장으로 연결되어 하나의 유기체적으로 움직인다는 사실을 알고 있었으며, 소망을 기도하면 우주가 들어줄 것이라는 확신으로 기적 같은 연출을 했습니다.

자, 이제 우리는 바람도, 구름도, 바닷물도, 사람의 말을 알아듣고 응답해준다는 역사적 사실을 목격했습니다. 모든 물질과 의식은 한바탕이며 상호작용합니다. 즉, 의식이 물질을 움직일 수 있고 물질이 의식을 움직일 수 있습니다. 그러므로 이러한 사건을 꾸며낸 이야기로 생각하는 우리의 고정관념을 버릴 때에만 우리는 확실한 미래를 창조해 나갈 수 있습니다.

:: 마인드 에너지

① 마음

마음도 물리적 입자와 동일하여 입자의 상태에서는 일정한 공간을 차지하고 있지만 파동의 상태에서는 시공간을 초월하여 이동할 수 있습니다.

마음은 육체나 뇌와 별개로 존재합니다. 마음은 에너지정보 장으로 구성되어 있습니다. 마음은 몸의 구석구석에서 방출된 에너지 장과 연결되어 있으므로 슬픔·분노·불안·초조·공포 등 부정적 마음(스트레스)은 DNA·분자·세포·조직·장기 등과 연결하고 있으면서 이들을 나쁘게 하여 질병을 일으킵니다.

스트레스를 잘 못 처리하면 스트레스는 마음의 잡음(Noise) 혹은 바이러스로 남게 되어 정상적인 마음을 교란시키고, 교란된 마음은 육체를 교란시키고, 교란된 육체는 질병을 유발합니다.

에너지정보 장은 마음의 상태가 긍정적일 때와 부정적일 때 그 작용이 달라집니다. 긍정적일 때는 육체적인 힘의 반응이 이완상태로 나타나고, 부정적일 때는 육체적인 힘의 반응이 긴장상태로 나타납니다.

마음속에 두고 있는 목적의 대상이 건강이든, 사랑이든, 부(富)든 육체적인 힘의 반응은 비슷하게 나타납니다. 사랑이나 희망, 믿음, 성취감, 호기심, 기쁨 등은 건강이나 부를 창조하는데 효과적인 요인들입니다. 이런 요인들이야 말로 그것을 창조하는 기(氣)를 이끈다고 볼 수 있습니다.

반대로 미움이나 좌절감, 적대감, 분노 등은 건강이나 부를 파괴하는 혐오적인 요인들입니다. 이런 요인들은 그것을 파괴하는 나쁜 기운을 불러옵니다.

마음에 의한 에너지 기의 법칙은 인간이라고 해서 예외일 수는 없습니다. 만물의 법칙에서 벗어날 수 없다는 말입니다. 인간의 행동 양식 일체는 마음에 의해 시작되고 전개되며 끝을 맺습니다. 결국 마음 그 자체가 기능이 아니라 그 기능이 바로 기(氣)에 의한 것이라고 할 수 있습니다.

에너지정보장 기는 성공과 실패의 갈림길에서도 마음의 상태에 따라 작용하게 됩니다. 즉, 마음에서 '된다'고 하면 성공적인 씨앗이 형성되어 마음먹은 대로 '창조' 되며, 마음에서 '안 된다'고 하면 파괴적인 씨앗이 형성되어 마음먹은 대로 '실패' 하게 되는 것입니다.

예를 들면, 사람을 대할 때 처음부터 참 예쁘다고 생각하면 만날수록 예쁘게 보이지만, 밉다고 생각하면 만날수록 보기 싫다고 여겨져서 사랑을 할 수 있는 상대였는데도 끝내는 잃고 마는 경우가 있는 것입니다.

오늘날 현대의학에서도 긍정적인 생활태도는 체내의 면역체계를 증진시키고, 부정적인 생활태도는 체내의 면역체계를 감소시켜 각종 질병의 원인이 되고 있다고 충고하고 있습니다. 이것은 교란된 마음의 상태는 체내에서 탁한 기(氣)를 증가시키고, 마음의 상태가 진정되었을 경우에는 체내의 맑은 기가 증가된다는 것을 의미합니다.

② 초심리학적현상

자연법칙이나 지식으로는 설명할 수 없는 여러 형태의 현상을 초심리학적현상(parapsychological phenomenon)이라고 부릅니다. 이것은 보통의 감각능력과는 다른 능력을 통해 얻어집니다. 이런 현상을 연구하는 데 관심을 갖는 분과를 초심리학이라 합니다.

초심리학적 현상은 투시력, 정신감응, 예지와 같이 인지적 성격을 띨 수 있습니다. 이 경우 사람은 보통의 감각 수단을 사용하지 않고도 어떤 사실이나 다른 사람의 생각 혹은 미래의 사건에 관한 지식을 얻는다고 여겨집니다. 이러한 현상을 가리켜 보통 초감각지각(ESP)이라는 용어를 사용합니다.

초심리학적 현상은 성격상 물리적인 것일 수도 있는데 주사위를 던지거나 카드 패를 돌리는 행위가 그것을 일정한 방식으로 떨어뜨리고자 하는 사람의 '의지'에 의해 영향을 받는다고 여겨집니다.

예전에는 단순히 '심령', '귀신' 등으로 해석하려 했으나 이것역시 자연현상이며 양자역학으로 그 해답를 구할 수 있습니다. 즉, 소립자에서 중첩된 초기의식은 상태공존과 입자파동의 이중성을 가지고 있습니다.

명상을 하여 심신을 극도로 이완시키거나 초긴장상태로 몰입시키면 관념의 벽이 무력해져 무의식을 지나 초기의식에 근접하여 상태공존의 현상을 일으킬 수 있습니다. 상태공존에서는 양자 얽힘으로 인하여 우주의 거시세계에서 모든 정보와 모든 에너지를 시공에 관계없이 이동시키거나 수신 할 수 있습니다. 다시 말하면, 상대의 생각을 읽을 수 있거나 괴력으로 트럭을 끌어당길 수 있습니다.

우주의 에너지정보 장과 감응되면 그 어떤 절대 절명의 문제도 해결할 수 있습니다. 이 세상의 모든 존재(자연)와 상태공존이 되면 내가 코끼리도 되고 북극의 빙산도 됩니다. 부언한다면, 우주와 내가 별개로 존재 하지 않는 전일성의 단계입니다.

제9장

신과의 대면

:: 사랑과 감사

우주시스템의 거시세계에서 태양계와 은하계를 지나 대우주를 관측하면 더 이상 인간이 범할 수 없는 신의 영역을 만납니다. 또 미시세계의 원자를 들여다보면 양자들이 있고 양자 중에 양성자와 중성자는 한계물질인 쿼크로 이루어졌으며 여기서 더 이상 쪼갤 수 없는 신의 영역을 만납니다.

홍길동 ······················· 거시세계/망원경 ·······················

집→ 서울→ 한반도→ 아시아→ 지구→ 태양계→ 은하계→
우주→ 신계

홍길동 ···················· 미시세계/현미경 ·······················

손→ 세포→ 분자→ 원자→ 전자 · 양성자 · 중성자→ 쿼크→ 에너지→

신계

모든 학문은 궁극에 가서는 신비론에 빠집니다. 일생을 대자연의 법칙을 규명하며 인류를 과학세계로 인도한 뉴턴과 아인슈타인도 너무나 질서정연한 대자연의 법칙에서 신의 존재를 느끼고 신비론자가 되었습니다.

신비론자들은 신을 향해 질문을 던집니다.

"도대체 이세상은 무엇입니까? 그리고 나는 누구입니까?"

신은 대답합니다.

"이 세상은 사랑이다. 그리고 너는 감사다."

그렇습니다. 우리는 사랑으로 창조된 세상에 태어나 감사하게 살아가는 인간입니다. 사랑과 감사에 이 세상 모든 진리가 담겨있음을 알아야 합니다.

우주에너지정보 장은 우주의 마음이며 사랑이고, 생체에너지정보 장은 사람의 마음이며 감사입니다.

놀라운 현상중 하나는 세상의 모든 물체는 의식을 가지고 있다는 것입니다. 생물체이든 무생물체이든 심지어 허공이든 공간이든 의식을 가지고 있음으로 해서 상호작용이 일어난다는 것입니다.

① 구름을 보고 없어져 달라고 손가락질을 하며 분명한 의사표시를 하면, 구름은 10분 이내에 사라집니다. 바람 부는 날 보다

조용한 날 몽실몽실한 주먹 크기의 구름을 손가락으로 가리키며 "사라져주세요!" 하고 가볍게 주문을 하면 구름은 서서히 모습을 변해 가면서 사라져버립니다. 계속 관찰을 해야 지정한 구름이 사라졌는지 알 수 있습니다.

② 비를 잠시 멈추게 하면 2시간 정도 멈추어집니다. 비는 상태에 따라 금방 멈추어 주는 경우도 있지만 30분에서 2시간정도 전에 주문을 하고 기다려야합니다. 옛날 삼국지에 제갈공명이 칠성단을 쌓고 동남풍을 일으켜 조조 80만 대군을 수장시킨 적벽대전의 유명한 역사적 이야기가 있는데, 분명 제갈공명은 우주의 비국소성의 원리를 깨달은 사람임에 틀림없습니다.

③ 물에 에너지기(氣)를 넣으면 물은 지시한대로 에너지를 자신에게 입력시켜줍니다. 물은 수성테이프라고 할 정도로 정보 입력이 잘되고 기억도 하며 감정도 가집니다. 물을 잘 이용하면 동종요법 등과 같이 건강유지나 질병치료에 놀라운 효과가 있습니다. 정화수 한 그릇이면 만병을 치유할 수 있다는 말입니다.

④ 농사를 짓는 데도 농작물에 좋은 말을 하거나 좋은 음악을 틀어 주어 사랑의 정보를 입력시키면 농작물이 병충해도 안 입고 싱싱하게 자라서 좋은 수확을 준다는 사실은 이미 다 아는 사실입니다. 농사 뿐 아니라 원예. 목축 등에도 사랑의 정보를

넣어주면 더 좋은 결실을 얻는다고 합니다.

구름을 지우거나 안개를 걷히게 한다거나 비를 오지 않게 하
는 것은 믿음과 진정성만 가지면 누구나 가능합니다. 이런 능
력을 가지면 큰일이라도 날 것 같지만 실상 자기가 그런 능력
을 가져도 생각처럼 대단한 것도 아님을 알게 됩니다. 또 한
가지는 비를 그치게 하여 여러 사람 앞에서 그 능력을 보여주
어도 사람들은 비가 그칠 때가 되어서 그친 것이라고 웃어넘
깁니다. 구름을 없애도 당연히 사라질 구름이라고 웃어넘깁
니다.

말하자면 잘하면 본전이고 못하면 사람만 우습게 됩니다. 우
리가 지금 탐구하고 추적하는 것은 기적을 찾으려 가는 것이
아니라 대우주를 알고 나를 알고 세상과 나를 어떻게 조화시
켜 보람된 삶을 살다 갈 수 있는가를 추적하는 것입니다.

⑤ 이 세상 모든 만물은 사랑 받기를 원합니다. 사람만이 사랑 받
기를 원하는 존재가 이 세상 모든 동식물 내지는 모든 사물이
다 사랑 받기를 원합니다. 왜 그럴까요? 그리고 사랑은 누가
줄까요?

그 답은 사랑은 이 세상 대자연, 대우주의 마음이며, 사랑은
대자연이 주는 축복의 선물입니다. 여기서 우리는 하나의 힌
트를 얻었습니다. 내가 어떻게 하면 잘 살 수 있는 지에 대한

아주 중요한 힌트입니다. 그것은 말입니다. 대자연의 품에 안겨 감사하고 재롱부리며 살면 됩니다.

⑥《물은 답을 알고 있다》에서 간단하게 실험할 수 있는 방법을 제시했습니다. 나는 그 방법대로 직접 실험을 해보았습니다. 누구나 쉽게 할 수 있는 실험으로 3개의 유리컵에 매직으로 감사/악마/무시를 각각 쓰고 밥을 반쯤 채우고 물을 약간 부어 질퍽하게 해 주면 1주가 지나면서 밥이 썩기 시작해서 20일 정도 지나면 세개의 컵이 썩는 상태가 확연히 다르다는 사실을 알게 됩니다.

감사의 컵엔 하얀 곰팡이가 피는데 마치 누룩이 발효된 것 같은 현상이고, 악마의 컵엔 유독성의 시꺼먼 곰팡이가 흉하게 피었고, 무시의 컵은 푸르고 꺼먼 곰팡이와 심한 악취를 풍기며 흉하게 썩었습니다.

밥으로 실험한 결과에서 알수 있듯이, 유리컵의 밥에는 정보전달 뿐 아니라 감정전달도 됐다는 의미입니다. 여기서 지나쳐서는 안 될 것이 모든 사물은 정보를 가졌고 감정까지 가지고 있으므로 긍정적이고 좋은 언어로 이들을 대하여야 하고, 특히 사람은 말할 것도 없이 동식물에게 좋은 언행으로 대해야 한다는 교훈입니다.

:: 창조적인 삶

지금까지 우리는 어렵고 이해하기 힘든 물리를 살펴보았습니다. 앞의 물리에 대한 기초 상식이 있어야만 우주와 대자연을 이해하고 대자연의 이치에 따라 우리의 삶을 창조해 나갈 수 있습니다.

반드시 물리적 상식을 가져야 합니다. 그렇지 않으면 이 책의 내용을 모두 부정하게 됩니다. 대자연을 이해함으로써 새로운 삶을 창조할 수 있습니다. 창조적으로 살아감으로 해서 가우스적인 혼돈에서 벗어나 평화롭고 건강하고 행복한 인생을 살 수 있습니다.

앞에서, 빅뱅우주론과 양자역학을 통하여 이 세상과 나와 어떤 상관관계가 있는지 이야기해왔습니다만, 여기서 다시 중요한 내용들을 요약해 보겠습니다.

① 우주는 물질이든 공간이든 에너지정보 장 기(氣)로 꽉 차있습니다.

② 나와 우주는 에너지정보 장을 통하여 에너지와 정보를 교환합니다

③ 비국소성의 원리로 우주는 에너지정보 장으로 통일되어 있습니다.

④ 우주는 홀로그램 무브먼트로 부분의 집합체가 아닌 하나의 유기체입니다.

⑤ 우주의 마음은 사랑 입니다. 인간의 마음은 감사입니다.

⑥ 모든 물체에는 스핀 장이 있으며 스핀 장은 좌파와 우파 2개의

극성을 가지는데, 우파 스핀은 긍정적인 것이며 좌파 스핀은 부정적인 것입니다.

⑦ 스핀은 자기조직을 하기도 합니다.

⑧ 스핀은 기하, 도형, 글자, 히란야, 심지어 공중에도 입력이 됩니다.

⑨ 스핀은 정보를 전달합니다.

🌴 **오아시스** 🐫 오른 쪽과 왼 쪽의 비밀 :

오른 쪽은 양기이며 생명을 뜻하고, 왼쪽은 음기이며 죽음을 뜻합니다. 아이의 배를 쓰다듬어주며 내손은 약손이라고 할 때, 오른손으로 시계방향으로 쓰다듬어 주어야합니다. 그리고 제사상에 수저는 지방을 중심으로 왼쪽에 놓아야하며, 성황당이나 동구나무에 경계 줄 새끼는 왼쪽으로 꼬아야합니다.^^

이제 우리는 우주의 정체를 어느 정도 파악했습니다. 그리고 우주의 역사를 살펴보면서 우리가 우주와 하나라는 사실도 알게 됐습니다. 장구한 세월동안 수많은 초신성폭발의 비명 소리를 뒤로한 채 우리는 마침내 우주의 주인으로 탄생한 것입니다. 우리의 존재는 우리가 상상할 수 있는 것 그 이상입니다.

그리고 우리는 우주가 좋아 하는 것, 우주가 원하는 것, 우주에게 해주어야 할 것들에 대하여도 알게 됐습니다. 내가 우주를 즐겁게 해주면 우주는 나에게 사랑을 줍니다. 내가 우주에게 감사하면 우주는 더 큰 사랑을 내게 되돌려 줍니다.

우주의 사랑은 우리에게 물질과 건강으로 환원해 줍니다. 우리의 소망을 들어 줍니다. 우리는 이루어진 소망에 감사하며 기뻐하기만 하면 되는 것입니다.

지금부터 소망을 성취하는 방법을 말하겠습니다.

첫째, 소망을 정확히 구체적으로 설정하십시오. 진정성을 가지고 소망하십시오.

둘째, 소망의 내용과 소망자의 이름과 날짜를 적고 육각의 소망함에 넣으십시오.

셋째, 소망에 집중하며 그냥 일상대로 생활 하십시오.

넷째, 긍정과 확신으로 가득 찬 마음으로 소망이 이루어진 상태를 느끼면서 지내십시오.

다섯째, 항상 감사하십시오.

이렇게 설정해놓고 살다 보면 소망은 나도 모르게 나를 찾아옵니다. 그때 소망을 잡고 기뻐하십시오. 소망에게 고맙다고 인사 하십시오. 소망은 다름 아닌 우주의 마음임을 명심해야 합니다. 이러한 일들이 일어난다는 것은 말도 안 된다며 부정적인 마음을 가지는 사람은 어떠한 소망도 이룰 수 없습니다.

우리는 지성이면 감천이란 말을 자주합니다. 그 옛날 우리 할머니들이 정화수를 떠놓고 천지신명에게 빌며 소망을 기원했습니다. 그리고 그 소망이 이루어져 득남을 했다든가, 죽을 병을 고쳤다든가, 장원급제를 했다든가, 하는 수많은 이야기가 있습니다.

교회나 절에 가면 기도를 올립니다. 그 기도는 소망 성취를 위한 기도입니다. 목사나 승려는 자기 신도들의 소망을 들어 주는 기도를 대신해 줍니다. 기도의 효과가 없다고 생각하는 사람도 있겠지만 우리가 생각하는 이상으로 효과가 큽니다. 반드시 기도나 소망을 비는 일엔 진정성이 있어야합니다. 마음에 없는 기도는 우주가 들어주지 않습니다.

절에 가서 등을 달거나 촛불을 켜놓는 경우도 있습니다. 진정성만 가지고 지극정성을 다 하면 큰 효과를 봅니다. 믿음과 정성만 있으면 굳이 멀리까지 갈 필요가 없습니다. 육각함에 위의 방법대로 소망을 적어 넣으면 됩니다.

가장 중요한 것은 소망의 주파수입니다. 분명하고 구체적인 소망을 머리에 입력하고 그 생각의 주파수를 우주로 내보내는 것입니다. 그러면 우주의 모든 고유에너지정보 장 중에서 같거나 유사한 주파수를 가진 정보들이 내가 띄운 생각의 주파수에 잡혀들어 옵니다. 내가 소망을 이룰 때까지 소망의 정보들은 계속 몰려듭니다. 내가 소망을 이룬 후에야 그 주파수는 멈춥니다.

소망은 건강, 재물, 연애, 학업, 그 어떤 것도 선택할 수 있고, 크기는 관계하지 않습니다. 그리고 소망을 설정해놓고 미안해 할 필요가 없습니다. 우주에 가득한 정보는 구하는 자의 것이기 때문입니다.

운동경기를 하거나 시합을 할 경우 사람들은 승리를 기원합니다. 승리의 여신은 간곡하고 진정한 편에 더 귀를 기울입니다. 전쟁도 마찬가지입니다.

그 옛날부터 내려온 기도와 소원의 힘은 분명히 큽니다. 그런데 그 옛날엔 기도나 기원은 미신적이며, 그러한 것을 믿는다면 어리석은 짓이라고 했습니다. 이는 양자역학의 우주원리를 모르고 있었기 때문입니다. 소망은 우연히 이루어지는 것이 아닙니다.

지금까지 양자역학을 배우면서 우리는 우주와 의사소통을 할 수 있다는 사실을 알았습니다. 어느 구름을 분명히 가리키고 그 구름에게 흩어지고 사라져 달라고 주문을 하면 그 구름은 잠시 후 사라집니다. 구름과 내가 어떻게 의사소통이 됐을까요? 내 에너지정보 장과 구름의 에너지정보 장이 내 생각의 주파수에 맞추어 정보교환을 했기 때문에 서로 의사소통이 된 것입니다.

소망성취는 우주에너지정보 장과 자신의 에너지정보 장이 의사소통에 의하여 이루진 결과입니다. 비국소성원리와 양자 얽힘에 의하여 아무리 먼 정보라도 나의 주파수에 당겨 들어옵니다. 만일 당신이 불치의 병을 퇴치하고 건강을 회복하고자 한다면 소망의 주파수를 띄우고 간절히 기도하십시오. 그리고 병이 다 나아서 해외여행을 다니며 행복한 시간을 보내는 상상을 하십시오. 마치 건강이 회복된 것처럼 행동하라는 말입니다.

스핀 장이론에 의하면 우파스핀은 긍정적인 것이며 좌파스핀은 부정적인 것이라고 말했습니다.

우파스핀은 긍정적인 모든 것입니다. 신체의 면역성을 높여주며 자연살해세포를 활성화시켜 질병을 치유합니다. 긍정적인 우파스핀으로는 사랑 · 감사 · 행복 · 양기 · 게르마늄 · 원적외선 · 미네랄 등이 있습니다.

좌파스핀은 부정적인 모든 것입니다. 신체의 면역성을 약화시키고 스트레스를 유발시켜 질병을 유발케 합니다. 부정적인 좌파스핀으로는 미움 · 분노 · 불행 · 사기 · 수맥 · 전자파 · 지전류 · 감마선 등이 있습니다.

그리고 스핀은 자기조직을 합니다. 예를 들면, 작은 미움이라도 한번하면, 미움은 미움을 불러들이고 또 그 미움은 더 큰 미움을 부르고 하여 결국 파멸을 가져오게 합니다. 반대로 작은 사랑이라도 일단 하게 되면, 사랑은 사랑을 불러들이고 또 그 사랑은 더 큰 사랑을 부르고 하여 결국 만복을 얻게 합니다.

스핀은 자기조직을 할 뿐만 아니라 기하 도형이나 글씨나 공간에 입력이 됩니다. 그리고 한번 입력시키고 스핀을 주면 스핀은 입력시킨 방향으로 스핀하며 자꾸 커져가는 것입니다.

예를 들어 좌파스핀인 수맥에 그 수맥의 상류를 찾아 우파스핀으로 방향전환을 시키고 양기판 등을 이용하여 우파스핀을 입력시킵니다. 그러면 수맥으로 인해 발생하는 유해파인 좌파스핀은 없어지고 유익파인 우파스핀만 남습니다.

무슨 일에 부정적인 사고를 하게 되면, 다시 말해, 일이 잘 안된다고 생각하면 정말 일이 잘 안되며 자꾸 안 되는 일만 생깁니다. 그냥 하는 말이라도 재수 없다고 말하면 정말 재수 없는 일이 생기고, 재수 없는 일은 또 재수 없는 일을 불러들여, 결국 말 한마디 또는 생각 하나에 일을 망치는 수가 있습니다.

남을 비방하고 화내고 질투하고 이기려하는 모든 행위는 부정적 생각의 출발에서 시작되었으므로 결코 성공할 수 없고 행복할 수 없습니다. 우주의 마음은 우리의 마음을 감싸고 있으므로 우리가 어떠한 마음을 가지고 있다는 것을 다 알고 있습니다.

대우주는 사랑과 감사에 기뻐하고 복을 줍니다. 만약 부정적인 수단에 의해 재물을 축적하고 행복을 누린다면 우주는 어느 한 순간 그 모든 것을 앗아갑니다. 그리고 남에게 고통을 안겨준 만큼 고통을 받게 합니다.

해가 동쪽에서 떠서 서쪽으로 넘어가는 것이 진리이듯이, 사랑과 감사가 우주의 마음이라는 것도 진리입니다. "지는 것이 이기는 것이다." 라는 우리 속담이 던져주는 메시지를 알아야 합니다.

이 세상이 시작된 이래로 인류의 모든 전쟁이나 분쟁을 막론하고 우주의 마음인 사랑 감사를 무시하고 이민족을 침략하고 약탈한 역사는 필히 멸망했다는 사실을 알아야합니다.

정복할 때 가한 모든 고통을 멸망 당한 후 철저히 받아야만 했다는 사실도 알아야합니다. 예나 지금이나 우주의 진리는 엄격합니다. 하늘을 두려워하는 이유가 여기에 있습니다. 결코 하늘은 무심하지 않습니다. 예로부터 중국 사람들은 하늘을 걸고 맹세하는 일을 제일 두려워했습니다.

누군가가 이 세상은 불공평하다고 투덜대고 있다면, 그것은 오해임을 말해둡니다. 서두에서도 말했지만 세상이 불공평한 것이 아니라, 생각이 불공평한 것임을 알아야합니다. 내가 비천한 살림살이라 자식들을 제대로 뒷바라지 해 주지 못한다는 선입견과, 우

리 집이 못 사니 내가 무슨 큰 꿈을 꾸겠는가 하고 자포자기적 생각
이 일생을 힘들고 어렵게 살게 만들어놓는다고 말했습니다.

여기서 생각만 긍정적으로 바꾸고 확고한 미래를 설계하고 그 설
계에 필요한 정보를 우주에 띄워놓으면, 그 설계의 도면을 보고 필
요한 정보들이 하나, 둘, 수신되어 어느 날 자기도 모르는 사이에
성공이라는 결실을 맺어줍니다. 세상이 매우 불공평한 것 같지만
아주 냉철하게 공평합니다.

한 가지 충고할 것은, 엠비시 방송을 듣기 위해 방송국에 찾아가
거나 방송을 듣기위해 하던 일을 멈출 필요가 없이, 그냥 빨래해가
며, 청소해가며, 콧노래를 불러가며, 하는 일을 계속하며 듣듯이,
정확한 설계와 정보를 머릿속에 입력시키고 주파수만 맞추면 됩니
다. 철저한 믿음과 감사한 마음으로 일상생활을 하다보면 그처럼
소망하던 꿈이 이루어집니다. 시간이 날 때 마다, 그 이루어지는 꿈
을 그리며 미리 즐겨도 좋습니다.

우파적인 사고는 비록 작지만 소중하게 가꾸면 나비날개 바람이
태풍으로 변하듯 큰 이익을 가져다줍니다.

좌파적인 사고는 비록 작지만 한번 부정을 하게 되면 그 부정은
금방 눈덩이처럼 불어나 감당할 수 없게 됩니다.

누군가는 이렇게 말 할 수도 있겠습니다. 다 잘 살 수 있을까요?
다 잘 살 수 있을 만큼 재물이 있을까요?

걱정 마십시오. 우주엔 물자가 남아돕니다. 또 우주의 마음은 모
두가 평화롭고 건강하게 사랑과 감사의 마음으로 살아가는 것입니

다. 이 세상이 그렇게 될 때까지 우주는 구하는 자, 두드리는 자에게 아낌없이 줍니다.

🌴 오아시스 🐫 어서 오세요.

이제 여러분은 탐구의 길을 떠나 벌써 목적지의 반 이상을 달려왔습니다. 이 오아시스는 신비의 오아시스로 에너지가 넘쳐흐르며 소망을 이루게 하는 능력을 부여해 줍니다. 이 신비한 오아시스에서 짐을 풀고 푹 쉬었다 가도 좋습니다.^^

:: 신시(神市)의 부활

20세기를 전자전기 시대라면 21세기는 스핀 장시대가 될 것이라고 과학자들은 예측합니다. 스핀 장 과학시대가 실용화되면 정보 · 통신 · 의학 · 농업 등 모든 분야에 획기적인 발전을 가져오게 될 것이라고 합니다.

특히 우주에 가득한 에너지정보 장에서 정보를 꺼내는 스핀장 스캐너가 개발되면, 마치 그 옛날 창세기 때 성경 속의 사람들이 영안을 가진 것처럼, 자유로이 우주에너지와 우주의 정보를 이용해 아무 걱정없이 무병장수하게 될 것입니다. 노화도 아주 느리게 진행되므로 젊고 건강하게 7백 살, 8백 살을 살 수 있게 될 것입니다. 그때가 오면 진정 신의 도시가 부활했다고 말해도 될 것입니다.

핸드폰으로 자기 얼굴을 촬영하여 전송하면 담당의사가 얼굴 영상만 보고 오진 없이 아픈 곳을 알아내고, 핸드폰을 통해 처방전을 내리면 환자는 처방전을 물에 전사시켜 마시기만 하면 병이 낫게 됩니다.

서로가 주파수만 맞추면 아무리 먼 곳에 있어도 텔레파시로 의사소통이 가능하게 되고, 스핀 장 스캐너로 먼 우주에서 일어난 사건을 동시에 알게 되고, 태양계 밖의 어느 행성에 생명체가 존재하는지도 탐구되어, 만일 고등 생명체가 존재하면 그들과 통신도 해낼 수 있을 것입니다. 이미 생각을 영상화하는 기술이 개발되어 실용화가 가능하다고 합니다. 상대의 생각을 영상으로 본다니 한편으로는 민망스럽기도 합니다.

지금 우리에게 공상적인 우주과학 영화 이야기가 곧 현실화될 것입니다. 뿐만 아니라 양자 순간이동을 통하여 아무리 먼 우주여행도 가능하고, 꿈이나 유체이탈, 임사체험 같은 자연현상도 규명되어 명재계로 전환될 것입니다.

잠시 여기서 이 세상과 나의 상관관계를 생각해 봅니다.

이 글의 첫머리에 나는 다음과 같이 물었습니다. 우리가 살고 있는 이 세상은 대체 어떤 세상인지, 그리고 나는 과연 누구인지 알고 살 수는 없을까요?

앞에서 언급했듯이 이 세상의 마음은 사랑이며 나의 마음은 감사입니다.

이 세상은 나를 위해 모든 것이 존재합니다. 광활한 우주며, 수많은 은하들이며, 타오르는 태양이며, 감미로운 달빛이며, 이 모든 것이 나를 위한 존재들입니다. 내가 이 세상의 모든 것을 가지기 위해서는 이 세상 모든 것을 관찰하고 있어야합니다. 관찰하지 않는 즉시, 이 세상은 실상과 허상의 두 가지 상반된 상태로 공존하게 됩니다.

관찰자효과에 의하면 상태의 공존에서 관찰한 즉시 한 상태만 실체(파동의 수축=입자)로 남고 나머지 상태는 사라진다고 합니다. 내가 이 세상을 관찰하면 이 세상 모든 실체가 드러나고, 관찰하지 않으면 나는 실상과 허상이라는 두개의 상반된 상태와 공존하고 있습니다.

이러한 상태의 공존은 불확정성의 원리에서 하이젠베르크가 전자의 위치와 운동량(질량x속도)을 동시에 정확히 결정하는 것은 불가능하다고 보고, 관찰 전에는 하나의 전자가 여러 곳에 있는 상태로 나타난다는 이론입니다.

즉, 많은 상태공존 중 인간이 어느 상태를 관측할지 결정되어 있지 않다는 의미입니다. 그러므로 미래도 결정되어 있지 않다는 말입니다. 우리가 관찰하는 순간 이 세상의 모든 실체가 들어나고, 관찰하지 않으면 실상과 허상으로 상반된 두 상태에서 공존합니다. 만일 내가 죽으면 관찰을 못하므로 실상과 허상의 두 상태로 이 세상은 영원히 공존하게 될 것입니다.

:: 미신보다도 더 미신 같은 것들

현대 과학은 유물론적으로 전개되어가고 있습니다. 모든 것을 물질로 보고 분석해 나갑니다. 특히 자연과학은 절대적으로 유물론적 입장입니다. 그래서 자연에서 일어나는 불가사의한 현상들을 규명하지 못하면서 오히려 미신적인 것으로 외면해버립니다.

사실 코페르니쿠스가 지동설을 주장하기 전까지만 해도, 자연현상에 유신론적 입장이 더 큰 영역을 차지하고 있었습니다. 1543년에 출간된《천구의 회전에 관하여-De revolutionibus orbium coelestium》에서 그는 지구와 태양의 위치를 바꿈으로써 지구가 더 이상 우주의 중심이 아님을 천명했는데, 이것은 당시 누구도 의심하지 않던 프톨레마이오스의 우주 체계에 정면으로 도전한 것이었습니다. 그리고 이 도전은 지구가 우주의 중심이고 인간은 그 위에 사는 존엄한 존재이며 달 위의 천상계는 영원한 신의 영역이라고 생각했던 중세의 우주관을 붕괴시키는 결과를 가져왔습니다.

프톨레마이오스(85 ~ 165)는 태양과 달, 그리고 다른 행성들의 운동에 대해서도 히파르코스의 관측사실과 결론을 더욱 확장해 프톨레마이오스 체계라고 널리 알려지게 된 천동설(天動說)을 확립했습니다. 그는《알마게스트》제1권에 그의 천동설에 대해 언급하고 지구가 우주의 중심에 있으며 움직일 수 없다는 주장을 증명하기 위한 많은 논증을 했습니다.

그중에서도 특히, 만약 지구가 몇몇 초기 철학자들이 주장하는 것처럼 움직이고 있다면 그 결과로 특별한 현상이 관측되어야 한다고 했습니다. 그는 모든 물체가 우주의 중심으로 떨어지기 때문에 지구는 우주의 중심에 고정되어 있어야 하고, 그렇지 않다면 낙하하는 물체가 지구의 중심을 향해 떨어지는 것을 볼 수 없을 것이라고 주장했습니다. 또한 지구가 24시간에 한번씩 자전한다면, 수직으로 위를 향해 던진 물체는 같은 지점에 떨어지지 않아야 하지만 실제로는 그 반대라고 주장했습니다.

프톨레마이오스는 이 이론에 반대되는 어떤 것도 관측되지 않았음을 증명했고, 그 결과 천동설은 15세기까지 서구 그리스도교 사회에서 거의 독보적인 학설의 지위를 누려왔던 것입니다. 그러나 자세히 관측해 본 결과, 이 체계는 복잡하게 되어 있어 타당성이 크게 의심받게 되었고, 마침내 1543년 폴란드의 천문학자인 코페르니쿠스의 태양 중심설이 천동설을 대체하기에 이른 것입니다.

그러므로 이 세상에 인류가 태어나서 1543년 지동설이 있기까지 장구한 세월을 유신론적 자연과학이 지배해왔습니다. 소위 말해 미신보다도 더 미신적인 자연과학시대를 살아 왔던 것입니다. 그러던 자연과학이 고전물리에서 뉴턴의 만유인력을 발견한 이후 현대물리에서 상대론과 양자론이 발견되면서부터, 자연과학은 유물론의 절대 지배권으로 들어갔으며 유신론을 근본적으로 배척시켰습니다.

이제 유물론적 과학의 발전으로 신이 거처할 곳조차 없어졌습니다. 그렇다고 해서 유물론적 과학이 모든 것을 해결한 것도 아닙니다. 오히려 유물론적으로 해결할 수 없는 자연현상이 너무나 많이 있습니다. 유물론이 해결해주지 못하는 문제는 유신론적 방법으로 접근해서 그 해답을 찾아야 합니다.

모든 사물은 근본적으로 의식을 내재하고 있다고 했습니다. 이러한 의식의 중첩으로 진화된 보이지 않는 세계를 유신론적 암재계라 할 수 있습니다. 암재계는 명재계를 존재하게 하는 기본바탕입니다. 오늘날 현대물리학의 양자론과 상대론에서 우리는 미신보다도 더 미신스러운 자연현상을 경험하고 있습니다. 지금이야말로 물질주의의 유물론적 과학에서 의식주의의 유신론적 과학으로 전이되는 과학의 구조조정이 요청되는 시점에 봉착해 있다고 봅니다.

제10장

치료와 건강

:: 치료와 건강의 키워드

물이 말을 알아듣고 사랑과 감사에 육각 꽃의 결정체로 감정을 표현합니다. 구름이 말을 알아듣고 사라져 달라는 주문에 사라집니다. 비를 멈추라고 주문을 하면 비가 멈춰 줍니다. 이것은 초능력이 아닌 자연현상입니다.

나는 이런 사건이나 현상을 신비하고 놀라운 일이라고 보지 않습니다. 내가 주목하는 것은 모든 물체가 의식체이며 정보력을 가졌다는 사실입니다.

화초에 음악을 들려주니 활기차게 잘 자란다는 사실, 젖소가 흥겨운 음악 소리를 듣고 우유를 더 많이 생산한다는 사례는 이미 잘 알려 진 일입니다.

물을 한 컵 떠서 보십시오. 물도 우리를 바라봅니다. 그리고 우리가 어떻게 살아 왔는지, 무엇을 원하고 있는지, 어디가 불편한지 등등을 금방 스캔해 버립니다. 물은 우리의 마음 속도 훤히 들여다보고, 우리가 무슨 생각을 하고 있는지도 다 압니다.

모든 병은 마음에서 온다는 것을 우리는 다 압니다. 부정적인 말이 얼마나 나쁜지도 다 압니다. 이제부터 용서하고 감사하는 마음의 힘을 길러 건강하고 행복한 삶을 살도록 노력해야 합니다.

지는 것이 이기는 것이란 속담처럼, 싸우지 않고 이기는 것이야 말로 손자병법의 제1계입니다. 마지막 계인 제36계는 도망치라는 것입니다. 진다는 말은 도망가자는 의미가 아니라 사랑과 감사로 상대를 제압하자는 의미입니다.

우리는 투병이란 말을 자주 씁니다. 나는 투병은 너무 에너지 소모가 많이 되므로 치병(治病)이란 말로 바꾸고 싶습니다. 투병은 병마와 싸워야하므로 부정적 감정으로 더 힘들게 만들고 신체 에너지도 많이 소모됩니다.

치병으로 병을 달래고 다스리면서 마음에 사랑과 감사를 쌓고 긍정적인 사고로 생활하다 보면 자기도 모르게 몸에 생기가 충만하게 되고 면역체계가 왕성해져 병마는 기가 꺾여 스스로 꼬리를 감추고 물러납니다. 사랑과 감사는 이 세상에서 제일 강한 힘입니다. 그래서 하나님도 사랑을 본체로 삼고 부처님도 자비를 최고의 진리로 삼았습니다. 사랑은 창조의 위력이며 하나님의 무기입니다.

끊임없이 솟구치는 분노를 스스로 다스리기 힘들면 교회나 절에 가서 제3자의 도움으로 사랑과 감사를 얻어야합니다. 교회나 절은 사랑과 감사의 샘물입니다.

진리는 높은 곳에 있지 않고 항상 낮은 곳에 있습니다. 사람들은 요즈음 건강관리를 위해 등산을 많이 합니다. 계곡을 따라 오르기도 하고 능선을 따라 오르기도 하면서 끝내 정상에 오릅니다. 정상에서 세상을 바라보면 세상이 콩알만큼 작아지고 어쩌면 세상이 만만하게 보이는 착각을 가지기도 합니다. 호연지기의 마음이 생깁니다.

그러나 호연지기의 마음도 잠시일 뿐 사람들은 곧 하산합니다. 왜냐하면 그곳에서 살 수가 없기 때문입니다. 정상엔 바람이 거칠고 물이 없고 산소도 부족하고 먹을 것도 없기 때문입니다. 정상에 있는 생물들을 보십시오. 온갖 시련으로 지실이 들어 몸이 구부러지고 땅에 붙어 있습니다.

진리는 낮은 곳에 있다는 말을 하려고 등산 이야기를 했습니다. 낮은 계곡에 맑은 물이 흐르다 고여 담을 이룬 곳엔, 수많은 생물들이 살고 주변의 나무나 풀도 늠름하고 싱싱하게 자라고 있습니다. 사랑과 감사가 가득한 곳이기 때문입니다. 우리가 찾는 돈도 물처럼 낮은 곳에 고여 있습니다. 항상 감사한 마음으로 고개를 숙이고 열심히 일 할 때 돈은 고입니다. 고개를 빳빳하게 쳐들고 자신 만만한 사람에게는 더 이상 돈이 고여 들지 않습니다.

성경에서 범사에 감사하라고 했습니다.

우주의 마음은 사랑이므로 감사하는 자만이 사랑을 얻을 수 있습니다. 정보에너지 장인 기(氣)는 내공을 키우는 에너지입니다. 마음은 사랑과 감사의 에너지로 성장합니다. 그래서 수도자들이 선, 명상, 불공, 예배를 드리는 이유는 마음의 잡초를 뽑고 깨끗이 청소하여 사랑과 감사를 영접하는 작업을 하기 위함입니다.

긍정적인 것, 좋은 것만 생각하며 생활해도 도를 닦는 길이 됩니다. 하나님도 저 높은 곳에서 위엄을 갖추고 우리를 호령하는 것이 아니라 몸을 낮춰 우리의 마음속에서 사랑으로 존재하십니다. 우리는 모두가 하나님의 신을 우리의 마음속에 모시고 있습니다.

건강을 위한 가장 강한 처방은 웃음이라는 보약입니다. 웃는다는 것은 사랑과 감사의 표정이며 우주가 가장 만족해하는 우리의 모습입니다. 우리가 웃으면 우리의 생체에너지정보 장이 아주 맑고 강한 에너지로 변합니다. 태양을 보고 충기 받는 것만큼이나 에너지가 축적됩니다. 웃음에 의해 충전된 에너지는 우리의 몸속으로 들어가 우리 몸속의 면역성을 강화시키고 자연살해세포를 활성화시켜 몸속의 병원균을 괴멸시켜줍니다. 그래서 옛날부터 웃음은 만복을 불러 온다고 했습니다.

웃음은 건강을 불러오고, 웃음은 행운을 부르고, 웃음은 재운을 불러옵니다. 웃는다는 것도 쉬운 일이 아님을 잘 압니다. 그러나 의식적으로 웃음을 생활해 보는 것입니다. 작은 미소로 출발해서 웃다 보면 웃음은 웃음을 불러들여서 생활 주변을 온통 웃음의 꽃밭으로 만들게 됩니다.

치명적인 암환자가 웃음 하나로 암을 극복하고 건강을 되찾았다는 이야기가 있습니다. 사랑과 감사가 가장 큰 언어라면 웃음은 가장 위대한 표정입니다. 우주는 우리의 웃는 모습을 좋아합니다. 그래서 우주는 한번 웃을 때 마다 한번 젊어지는 상을 줍니다. 웃음의 힘을 과소평가해서는 안 됩니다. 우리가 비싼 대가를 치르지 않고도 만사형통하게 하는 힘, 그것이 바로 웃음임을 명심하십시오.

긍정적 감정과 부정적 감정이 끊임없이 솟구치며 사는 인간은 108번뇌를 벗어 날 수 없습니다. 그래서 이 세상 구성원소가 원소주기율표에서와 같이 108가지라고 생각하는 것 입니다.

🌴 오아시스 🐫 주기율표 :

주기율표의 원소들은 수소와 헬륨을 제외하고 모두 별들의 핵융합반응에 의해 만들어지고 초신성폭발에 의해 우주공간으로 방출된 처절한 생성의 과거가 있습니다. 즉, 수은=초조, 납=분노, 알루미늄 =슬픔/연민, 카드륨=걱정/불안, 철=망설임, 아연=스트레스 …… 이와 같은 탄생의 정서를 지닌 원소들로 구성된 우리 몸은 자연히 이들의 정서가 중첩된 의식을 가지게 된 것입니다.^^

소음제거기로 소음을 제거시키는 원리는 소음의 반대파장을 내보내 소리를 상쇄시키는 것입니다. 부정적 감정의 파동을 죽이는 상쇄 파동을 내면 인간의 감정은 순화됩니다. 각 감정에 대응하는 상쇄파동을 살펴보면 다음과 같습니다.

- 원한 - 감사
- 분노 - 연민
- 공포 - 용기

- 불안 - 안심

- 초조 - 안정

- 압박감 - 평상심

- 두려움 - 자신감

108개 원소들의 파동을 측정한 결과 인간의 감정의 파동과 유사한 파동을 가졌다는 연구결과가 있습니다. 같은 파동은 상호 공명현상을 일으킵니다.

이와 같이 금속은 인간의 감정이나 무드와 공명합니다. 사람은 소우주라고 했습니다. 108가지의 자연계의 원소로 구성된 인간의 몸은 108가지의 감정(108번뇌)을 가지고 운명적으로 태어났습니다. 그래서 우리가 사는 이 세상을 불가에서 사바세계라 합니다. 우리는 여기서 우주의 감정과 사람의 감정이 공명하고 있다는 힌트를 얻을 수 있습니다.

우리가 좋아하는 것은 곧 우주가 좋아하는 것이라는 사실은 비국소성의 원리를 또 한 번 실증하고 있는 셈입니다. 우주의 감정이 우리의 감정이니, 우주가 좋아하는 감정을 우리가 가진다면 이것이 바로 순천자(順天者)가 되는 길입니다. 순천자는 흥하고 역천천자는 망한다는 말이 있습니다. 우리의 성공적인 길은 순천자의 길입니다.

🌴 오아시스 🐫 사바세계 :

사바(娑婆)는 산스크리트어 saha를 소리 나는 대로 적은 것으로, 인토(忍土),

감인토(堪忍土), 인계(忍界)라고 번역합니다. 중생이 살고 있는 이 세계를 뜻합니다. 이 세계의 중생에게는 여러 가지 번뇌가 있고, 추위와 더위가 있으므로 참고 견디지 않으면 안 된다고 하는 데서 이 명칭이 생겼다고 합니다. 극락세계를 정토(淨土)라고 하는 데 반해, 이 사바세계를 예토(穢土)라고 합니다.^^

:: 칼라요법

먼저 오해의 소지를 없애기 위해 앞의 양자 색역학에서의 Red/Blue/Green은 여기 색채의 칼라와 별개의 용어임을 밝힙니다. 양자색역학은 편의상 쿼크의 내부구조의 입자를 색향으로 명명한 것일 뿐입니다. 그러나 초양자의 중첩에서 시작되는 물질로의 진화과정에서 색향은 이미 초양자의 중첩(파동)중에 유전자처럼 생성되어 모든 물질의 색과 향을 가지게 합니다. 다시 말해,

- 초양자의 중첩 - 파동
- 파동의 중첩 - 에너지
- 에너지의 중첩 - 소립자
- 소립자의 중첩 - 초기의식
- 초기의식의 중첩 - 원자
- 원자의 중첩 - 분자
- 분자의 중첩 - 물질이 된다는 사실을 이미 여러 차례 반복하여 설명했습니다.

여기서 물질은 우리 신체의 각 기관도 해당되므로 그 기관이 구

성된 색향에 반응하며 색향에 이상이 있을 경우 색을 넣어줌으로 해서 해당기관을 정상으로 회복시키는 원리를 색채요법이라고 할 수 있습니다.

색채요법과 약물요법 병용으로 만성질환 (간염, 고혈압, 당뇨, 신경통, 관절염, 탈모 등)의 치료율을 높일 수 있습니다. 색채요법은 색(色)의 파장(氣)이 인체 장부의 기능을 증가시켜 면역기능과 자연 치유력을 높이므로 질병치료에 도움이 됩니다.

색깔에서 각기 다른 파장이 나오고 있듯이 신체의 모든 장기에서도 고유의 파장이 나오고 있습니다. 구체적으로 살펴보면,

- 간 = 녹색
- 심장 = 적색
- 비 · 위장 = 황색
- 폐 · 대장 = 백색
- 신 · 방광 = 흑색입니다.

위와 같이 장기와 색(파장)은 밀접한 관계가 있습니다. 한방에서는 질병을 치료하기 위해 색깔에 따른 약재를 선택하여 사용하여 왔습니다. 즉, 심장이 나쁘고 혈액순환이 안 될 때는 주사(=적색), 간 기능이 나쁠 때는 인진(=녹색), 신장 · 방광의 기능이 나쁠 때는 부자, 천오, 또는 초오(흑색), 위 기능이 나쁠 때는 감초(황색)를 기본으로 하고 약방문을 구성하여 질병을 치료하였습니다.

옷의 색깔로도 건강을 지킬 수 있습니다. 즉, 간이 나쁜 사람은 흑색하의에 녹색상의를, 심장이 나쁜 사람은 녹색하의에 붉은색상

의를, 신장이 나쁜 사람은 백색하의에 흑색상의를 입으면 좋고, 위가 나쁜 사람은 붉은색하의에 황색상의를, 폐가 나쁜 사람은 황색하의에 백색상의를 입으면 좋습니다.

어떤 색이 나에게 적절할까요? 자신의 몸에 이로운 색깔은 입태한 달과 깊은 연관이 있습니다. 음력1, 2, 3월은 붉은색이, 음력4, 5, 6월은 황색이, 음력7, 8, 9월은 흑색이, 음력 10, 11, 12월은 녹색이 좋습니다.

색채치료법을 좀 더 구체적으로 구분해보면 다음과 같습니다.

① 소화가 안 될 때는 발바닥이나 다리 부분에 오렌지색 불빛을 비추어줍니다. 또는 오렌지, 옥수수, 자몽, 당근, 살구 같은 오렌지색이 많이 함유된 식품을 주변에 두고 먹습니다. 오렌지색은 칼슘을 가지고 있는 색으로 몸의 기능을 정상화 하도록 도와줍니다.

② 기억력이 감퇴할 때는 레몬색이나 노란색 불빛을 발바닥이나 다리 부분에 비추어 줍니다. 레몬색이나 노란색은 요오드, 철분, 금, 은, 황산 등의 성분으로 피를 깨끗하게 하고 점액성 분비물을 제거해 주며 기억력을 높입니다.

③ 눈이 아프고 혈압이 오를 때는 마음을 차분하게 가라앉혀주는 파란색이나, 교감 신경계에 해독 작용이 뛰어난 녹색을 발바

닥이나 다리 부분에 비추어줍니다. 또는 혼합청록색의 빛을 발바닥이나 다리 부분에 비추어 주어도 좋습니다.

④ 무기력하고 활력이 없을 때는 주변에 주홍색이나 분홍색 물건을 많이 둡니다. 주홍색은 뇌와 동맥에 자극을 주고 염증을 감소시키며 콩팥에 에너지를 불어 넣어주는 효과가 있습니다. 분홍색은 몸의 진동을 높여 활력을 줍니다.

자연계의 색상은 고유의 파동을 가지고 있습니다. 음의 영역의 몇 옥타브의 위에 빛이나 색채의 진동이 있습니다. 색채의 진동영역은 최고로 낮은 붉은 색(1초에 458조의 진동)으로부터 최고로 높은 자색(1초에 789조 진동)에 걸쳐져 있습니다. 무지개 색채요법은 주파수의 조절로 치료하는 치료법입니다.

색광을 통하여 몸의 주파수를 조정하여 건강상태를 조절하게 하는 것입니다. 색광이 몸에 작용하는 것은 몸에 색광이 물리적으로 노출되는 것 뿐 아니라 색광에 의한 여러 암시와 시각표상을 가져오는 것입니다. 레인보우 요법에서는 빨강, 노랑, 초록, 파랑, 검정, 흰색, 보라의 일곱 가지 색을 이용하여 인체장부의 기를 조정하여 치료에 접근합니다.

한의학적으로 볼 때 오장육부는 고유의 색상을 갖고 있습니다. 간은 청색, 심장은 적색, 비장은 황색, 폐는 백색, 신장은 흑색, 심보는 녹색입니다. 그리고 이에 표리가 되는 장부인 담-청색, 소장-적색, 위장-황색, 대장-백색, 방광-흑색, 삼초-녹색입니다. 이런 장부의 색을 이용하여 각 장기의 병에 해당하는 색깔치료를 하게 되는 것입니다.

색채 치료 요법에는 스펙트럼상의 모든 색이 사용됩니다. 색깔은 태양광으로부터 방사의 형식으로 나옵니다. 색은 눈이나 피부를 통해 흡수 될 때 인간의 신체에서 발생할 수 있는 육체적, 정신적, 감정적인 불균형을 치료할 수 있는 강력한 힘을 지니고 있습니다.

각각의 색은 서로 다른 파장의 주파수를 가지고 있으며 몸속의 세포들 또한 주파수를 가지고 있는데, 우리 몸이 건강할 때는 강하고 적극적으로 공명하지만, 몸에 병이 생기거나 불균형 상태가 되면 주파수가 일그러집니다. 색채 치료사는 바로 이러한 색, 다시 말해 이상이 생긴 세포에 균형을 잡아주고 치료 주파수를 파장시키는 색을 선택하는 전문가입니다.

각각의 색깔은 긍정적인 측면과 부정적인 측면 모두를 동시에 지니고 있으므로 치료사들에게는 정확한 색과 그 양을 선택하고 조절하는 능력이 요구됩니다. 일부 치료사들은 색상환에서 하나의 색과 그 보색을 동시에 사용하기도 하는데, 이렇게 하면 이상이 생긴 부위를 더욱 효과적으로 치료할 수 있다고 판단하기 때문입니다.

색채 요법에 대한 임상 연구는 색깔이 질병을 치유하는 데 도움이 됨을 보여줍니다. 예를 들어 빨간색은 혈압을 상승시키는 반면 푸른색은 혈압을 낮추는 것으로 증명되었습니다. 많은 색채 치료사들은 또한 오라와 차크라를 통해 치료하기도 합니다.

영적인 능력을 가진 치료사들은 오라의 색깔 분포를 통해 그 결합을 발견할 수 있습니다. 차크라는 특정 색깔과 결부되어 있기 때문에 감정적으로든 육체적으로든 문제가 발생하면 병든 차크라의 색깔이 드러나게 됩니다.

32개의 척추 뼈에 근거한 방법으로 척추를 크게 네 부분으로 나눈 뒤, 각 부분의 여덟 개의 척추 뼈에 네 개의 색갈이 하나씩 대응합니다. 척추의 제일 윗부분부터 아래로 내려오면서, 첫 번째 8 마디는 정신의 건강 상태를 나타냅니다. 두 번째 8 마디는 감정적 상태를, 세 번째 8마디는 신진대사를, 그리고 마지막에 8개의 뼈는 육체의 건강 상태를 나타냅니다.

이 방법을 사용할 때 치료사는 척추의 마디를 따라 차트의 뒷면에 서명을 하도록 요구할 것입니다. 그 서명에 서명자의 파장이 내재됨으로써 당신의 에너지를 드러내는 증거의 역할을 하기 때문입니다. 이것을 근거로 치료사는 척추를 따라 내려가면서 어느 척추 부위에 치료가 필요한지 진단합니다.

색깔별로 신체에 미치는 효과가 다릅니다. 요약해 보면,

① 빨강색 - 적혈구 증가, 모발과 두피 혈액순환 개선, 온열작용

② 오렌지색 - 뇌자극과 염증감소효과, 스트레스 해소와 심리적 안정, 의욕 상승

③ 노란색 - 혈액 흐름 정화, 림프 순환 활성, 면역력 강화, 신경안정

④ 녹색 - 모세혈관 순환 개선, 조직(모발) 생성, 긴장 및 고통 완

화, 염증 완화(염증성 두피, 지루) 등입니다.

:: 그림치료

그림치료는 그림을 그려서 선과 면으로 표현한 것을 가지고 환자를 치료하는 기법입니다. 색채치료에서는 그 사람의 성격을 알 수 있지만, 그림치료 방법으로는 현재 그 사람의 생각을 읽을 수가 있습니다. 만약 색채치료에서 빨간색을 많이 쓴다면 그 사람은 감정의 기복이 심하고 한 가지 일에 대한 열정을 보이는 사람이라는 추측이 가능합니다.

어떤 환자가 그림 치료에서 물고기 가족을 그렸다고 생각해 봅시다. 그 환자가 아빠물고기를 멀리 떨어뜨려 놓고 그렸다면, 아빠하고 현재 사이가 안 좋다는 애기가 됩니다.

미술치료는 만들기의 표현이나 아니면 감상한 것을 가지고 치료를 하는 방법입니다. 미술치료는 그림, 만들기, 감상, 색채 여러 가지를 이용하여 치료를 합니다. 한마디로 종합적이라고 볼 수 있겠습니다.

그림치료의 단계

- 1단계 : 첫 주엔 피험자에게 그림을 상상으로 그리게 하여 피험자의 내면을 읽어 냅니다.

- 2단계 : 치료사는 피험자의 그림을 분석하여 피험자의 심리상태를 파악합니다.
- 3단계 : 둘째 주엔 피험자에게 즐겁고 기뻤던 과거의 장면을 그리게 합니다.
- 4단계 : 치료사는 피험자의 그림에 나타난 색감·구도·화풍을 읽어 냅니다.
- 5단계 : 셋째 주엔 피험자에게 과거 나쁜 기억을 그림으로 그리게 합니다.
- 6단계 : 치료사는 피험자의 두려운 상태의 그림에 나타난 색감 구도 화풍을 읽어 냅니다.
- 7단계 : 넷째 주엔 피험자의 나쁜 과거기억의 그림에 좋은 과거기억의 색감으로 그리게 합니다.
- 8단계 : 다섯째 주엔 나쁜 과거의 배경을 좋은 과거의 배경으로 바꿉니다.
- 9단계 : 여섯째 주엔 좋은 상태의 색감 구도 화풍으로 미래의 모습을 그리게 합니다.

그림을 그리면서 느껴지는 내면의 변화를 기준으로 하여 다음과 같이 일곱 가지 단계로 나누어 볼 수도 있습니다. 그림을 통한 생각의 일치가 이루어지는 단계입니다.

STEP 1) 내가 그림을 그리는 단계로 의식적 표현이 이루어지며,

STEP 2) 그림이 나를 그리는 단계로 본능성이 표출되고,

STEP 3) 그림과 내가 하나가 되는 단계로 몸과 마음의 상태가

일치되며,

STEP 4) 그림이 그림을 그리는 단계로 무의식 속의 의식이 표현되고,

STEP 5) 내가 나를 그리는 단계로 자아각성에 이르게 되며,

STEP 6) 그림도 나도 아닌 단계로 초월의식이 나타나게 되고,

STEP 7) 그림도 없고 나도 없는 단계를 통해 초자연의 상태에 이르러 점진적으로 순환과 카타르시스를 경험하게 됩니다. 이 때 비로소 자아의 참된 내면을 발견하게 되고 예술의 본질을 이루어내는 것입니다.

제4부

우리는
어디로 가는가?

빅뱅이라는 초열지옥에서 탄생한 우주는 137억년 동안 팽창하면서 열이 식어져 현재 우주 온도는 −270도가 되었습니다. 한마디로, 우주 온도에 따라 에너지가 분화되고 중첩되면서 진화되었습니다. 결국 우리는 에너지에서 왔으며 에너지로 머물다가 또 다른 에너지로 가고 있는 것입니다. 그 또 다른 에너지는 어떠한 세계인지 찾아가 봅시다.

제11장
의 식 계

이 우주를 유신론적 의식계와 유물론적 물질계로 대별할 수 있습니다. 유물론적 물질계는 뉴턴 이후 3백년간 신과학시대를 맞이하면서 엄청나게 발전되었습니다. 핵폭탄이 제조되고 우주선을 타고 달에 인간이 착륙하고 복제양이 탄생하는 등, 실로 경이적인 발전이었습니다. 반면에 유신론적 의식계는 오히려 퇴보되는 느낌이 들 정도로 답보 상태에 놓여 있으며 원리나 이론이나 현상을 탐구하는 과학적인 측면에서는 터부시되고 있습니다.

과학이 인문이나 자연의 현상을 탐구하는 학문이라면 유신론적 의식계의 탐구를 배척해서는 안 됩니다. 분명히 말 하건대, 현재 과학은 물질계에만 치우친 절름발이 과학입니다. 우주는 눈에 보이는 물질로만 구성되어 있는 것이 아닙니다. 엄밀히 말하면 보이지 않는 의식계가 훨씬 광대합니다. 광대한 의식계를 외면한 물질적 과학의 진보는 많은 문제를 불러일으키며 우리를 불행하게 만들고 있습니다.

분명 물질과 의식은 초양자라는 동일한 질료로 출발하고 진화되었습니다. 그러므로 의식과 물질은 한바탕이며 상호 중첩되기도 하고 각각 독립되기도 하며 이 우주에 순환하거나 상호작용합니다.

지금부터 의식의 진화과정과 우주에서의 순환작용을 관찰하면서 유신론적 의식계를 연구해 보겠습니다.

의식의 분화, 즉, 유신론적 우주관은 초양자 장이 중첩되어 파동이 되고, 파동이 중첩되어 에너지가 되며, 에너지가 중첩되어 소립자가 되며, 소립자가 중첩되어 초기의식이 된다고 하였습니다. 또, 초기의식이 중첩되어 정신(혼, 백, 귀)이 되고, 정신이 중첩되어 무의식이 되고, 무의식이 중첩되어 의식이 되고, 의식이 중첩되어 사상이 된다고도 이미 여러 번 설명했습니다.

🌴 **오아시스** 🐫 의식 행위 :
소립자가 중첩되어 초기의식이 되고 의식이 중첩되어 원자가 된다고 했습니다. 원소주기율표의 원소들은 다른 원소들과 만나 화학반응을 하며 물질을 만들어갑니다. 원소들은 각자 고유의 성질이 있습니다. 이 고유의 성질이 의식입니다. 화학반응은 의식행위입니다.^^

여기서 의식은 정보성을 지닌 아원자로 미묘한 의미가 있다고 했습니다. 초기의식이 중첩되어 정신(혼, 백, 귀)이 되는데 사람은 눈에 보이는 육체인 몸(身)과 눈에 보이지 않는 마음(覺)과 눈에 보이지 않는 본성인 정신(靈)으로 되어 있습니다.

만일 사람이 죽으면 몸과 정신이 분리되며 정신은 사라지는 것이 아니라 에너지정보 장인 마음을 흡수하여 의식체를 형성하고 우주의 에너지를 계속 공급 받으며 진화 또는 퇴화하면서 순환합니다.

정신은 파동과 에너지의 중첩과정을 통해 진화된 것이므로 쉽게 그 존재가 소멸되지 않으며 우주의 에너지를 공급 받으며 존재합니다. 실제적으로 유체이탈이란 현상을 경험한 사람이 많습니다. 죽은 자기의 몸이 누워있는 광경을 천장에서 내려다본다든지, 빛을 따라 밖을 내다보니 수많은 사람들이 하늘을 바라보며 무엇인가를 기다리고 있는 것 같은 광경을 목격한다든지, 등등 많은 사례가 있습니다.

우주에는 우파스핀과 좌파스핀이 있습니다. 우파스핀은 긍정적인 스핀이며, 좌파스핀은 부정적인 스핀입니다. 긍정인(肯定人)의 정신은 우파 우주스핀과 공명하고 부정인(否定人)의 정신은 좌파 우주스핀과 공명합니다. 그러므로 사람이 죽어 정신이 육체를 떠나면 각각 공명하는 스핀의 우주로 입적됩니다.

우파스핀 우주는 긍정의 세계이며 사랑·감사·행복·기쁨·게르마늄·알파파 등이 속해있으며, 좌파스핀 우주는 부정의 세계이며 증오·원한·불행·불쾌·전자파·수맥파 등이 속해있습니다.

사람이 생존 시는 부정과 긍정이 혼재하여 이 맛과 저 맛을 다 볼 수 있으나, 죽어 몸을 떠나면 우주의 우파나 좌파로 편입돼야만 합니다. 만약 우파에 편입되면 모든 것이 좋은 긍정의 세계에서 다시 긍정의 세계로 순환하게 되고, 좌파에 편입되면 모든 것이 나쁜 부정의 세계에서 다시 부정의 세계로 순환하게 됩니다.

우주의 모든 순환은 동일한 원리로 이루어지고 있습니다. 그래서 물의 순환 원리를 보면 만물의 순환 원리를 알 수 있습니다. 정신도 그 순환이 물과 같다고 보면 됩니다. 물은 강이 되고 바다가 되고 지하수가 됩니다. 또 표층에서 식물의 뿌리를 타고 올라가고 증발되어 천상의 구름이 되고 비가 되고 이슬이 되고 안개가 되고 얼음이 되고 피와 살이 되고, 그 순환의 모습은 이루 헤아릴 수 없이 많습니다. 우리 사람도 물질계인 육신은 말할 것도 없고 의식계인 영혼도 물과 같이 대자연의 순환의 고리에서 존재합니다.

:: 의식과 육체

생명체는 의식체와 육체로 되어 있습니다. 이 둘은 별개로 독립된 것이 아니라 상호작용합니다. 의식체가 좋으면 육체가 좋고 육체가 좋으면 의식체가 좋습니다. 건전한 정신에 건전한 육체라는 속담은 진리입니다.

의식체는 에너지정보 장으로 되어 있습니다. 에너지정보 장과 몸은 공명작용, 혹은 상호작용에 의하여 서로 영향을 받습니다.

의식이 기쁘면 몸도 기쁘고, 의식이 불편하면 몸도 불편하고, 의식이 아프면 몸도 아픕니다. 반대로 몸이 기쁘면 의식도 기쁘고, 몸이 불편하면 의식도 불편하고, 몸이 아프면 의식도 아픕니다.

이런 현상은 초기의식이라는 하나의 질료로써 몸과 마음이 출발했기 때문입니다. 현대사회의 복잡다단한 환경에 의해 의식의 불편으로 몸이 아픈 경우가 많은데 이는 현대의학의 해부학적 유물론적 방법으로는 치료가 불가능합니다. 왜냐하면 신체기관에 아무런 이상이 없는데 환자는 고통을 호소하니 유물론적 현대의학이 해결할 수 없는 것입니다. 또 심리학적, 신경정신의학적으로 치료를 시도합니다만, 관찰과 경험을 토대로 다소 치료효과는 있지만 치료가 이루어지는 과학적 원리가 없어 치료의 한계를 느끼기는 마찬가지 입니다.

몸이 아프면 의식이 아픕니다. 그러므로 유물론적인 현대의학에서 치료를 받아야 합니다. 의식이 아프면 몸이 아픕니다. 그러므로 유신론적 의식체 교정으로 치료해야 합니다. 이와 같이 그 치료의 접근 방법을 달리해야 올바른 치료가 됩니다.

프리브램은 양자론의 홀로그램우주 모델로 두뇌를 연구하였습니다. 두뇌 속에서 기억의 흔적(engram)을 찾기 위해 뇌의 여러 부위를 외과적 수술을 이용하여 연구했습니다. 그러나 두뇌의 어디에도 기억의 흔적을 찾을 수 없었습니다.

뇌의 신경세포인 뉴런 사이에서 일어나는 신호전달은 독립적으로 발생하지 않고 수많은 신경세포가지를 타고 흐르는 전기신호가 신경세포가지 끝에서 파동적 현상을 일으키며 간섭무늬를 일으키는 데, 이 간섭무늬가 홀로그램 필름이며 이곳에 모든 정보를 저장합니다.

홀로그램 필름에 레이저 광선을 여러 각도로 투사하면 동일한 필름에서 수많은 이미지가 사라졌다가 나타났다가 합니다. 기억도 신경세포의 간섭무늬에 의식을 투사하면 과거의 여러 기억들이 사라졌다가 나타났다가 합니다. 이런 방식으로 기억이 재생되기도 하고 저장되기도 합니다. 홀로그램 의식체계의 특징을 다시 요약해 보겠습니다.

① 의식은 입자와 파동의 양면성을 가지고 외부 정보를 입자로 접하고 파동으로 저장하고 입자로 재생합니다.

② 의식은 간섭하는 파동의 공간속에 환영(허상)으로 존재합니다.

③ 의식은 비국소적으로 존재합니다. 뇌뿐만 아니라 전신의 신경세포가지의 간섭무늬에 존재합니다.

④ 감각(시·청·후·미·촉)작용은 입자가 파동으로 변환되어 다시 입자적 감각으로 투영된 것입니다.

⑤ 의식은 에너지파동의 중첩으로 진화되었으며 몸과 분리되어도 우주의 에너지를 공급받아 존재합니다.

⑥ 무의식은 기억의 파일이며 과거의 기억을 왼쪽으로부터 시간의 순서대로 파일을 해 놓습니다.

여기서 유신론적 의식의 중첩과정을 보면,

• 사상 - 사회적 의식의 중첩

- 의식 - 무의식의 중첩
- 관념 - 학습과 경험으로 굳어진 의식
- 무의식 - 정신의 중첩
- 정신 - 혼 · 백 · 귀
- 초기의식 - 소립자의 중첩
- 소립자 - 에너지의 중첩
- 에너지 - 파동의 중첩
- 파동 - 초양자의 중첩
- 초양자 - 스칼라퍼텐셜
- 영점 장 - 공(空)으로 정리됩니다.

의식은 에너지정보 장(場)이므로 입자와 파동의 양면성을 지니고 있습니다. 의식은 우주의 좌파나 우파에 공명합니다. 그러므로 사람이 살아감에 있어 긍정적으로 사느냐 혹은 부정적으로 사느냐에 따라 우주의 우파 혹은 좌파에 공명합니다.

🌴 오아시스 🐫 우뇌와 좌뇌 :

- 우뇌 : 그림, 공간, 이미지, 기억, 과거이미지를 투영시키며, 아이는 우뇌가 더 발달되어 암기력이 어른 보다 높습니다.
- 좌뇌 : 언어, 윤리, 수리, 깨달음, 논리, 미래를 투영시키며, 어른은 좌뇌가 더 발달되어 논리적 사고력이 높습니다.^^

:: 의식의 구조

　내 속의 신은 신성입니다. 신성은 육신과 또 다른 나이며 내면의
존재입니다. 내면의 존재는 신경을 통해 다섯 개 감각(5감)의 등불
을 켜고 세상을 구경합니다.

　언어 중에 신경이란 말이 있습니다. 사전적인 정의를 보면 다음
과 같습니다.

　"신경(神經)이란, 골 또는 등골의 중추와 몸의 각 부분을 연락하
여 자극을 중추에 전하고 흥분을 몸의 각 부분에 전하는 기관. 사람
과 동물에 있는 전달 기능의 조직인데, 중추에서 감각기관, 살갗,
분비샘들로 갈라져 나간 실꼴의 섬유 뭉치로 되어 있다."

　여기서 신(神)은 귀신을 말하는 것이 아니라 존재란 의미이며,
경(經)은 통로의 의미로 해석할 수 있습니다. 다시 말해, 내 속의 신
(존재)은 육신과 별개로 존재하며 신경이란 신의 통로로 연결되어
있다는 말입니다.

　신경은 자율신경, 운동신경, 감각신경으로 신과 육신을 연결시
키고, 육신은 다섯 개의 등불을 켜고 세상의 모습을 신경을 통해 신
에게 전달해줍니다.

　　제1등불 - 눈으로 세상의 빛을 보게 하고,
　　제2등불 - 귀로 세상의 소리를 듣게 하고,
　　제3등불 - 코로 세상의 냄새를 맡게 하고,

제4등불 - 혀로 세상의 맛을 보게 하고,

제5등불 - 피부로 세상을 느끼게 합니다.

밤이 되면 육신은 다섯 개의 등불을 끄고 잠이 들고 운동신경의 스위치도 내린 채, 비상망으로 자율신경만 서로 연결해 놓고 무의식 상태가 되는 것입니다. 다시 말하면, 신경은 육체와 의식체를 소통시키는 광케이블의 역할을 합니다.

또 신경은 육체 속에 그물망처럼 깔려있으며 특히 뇌는 100억개 이상의 신경소자와 각 소자당 1,000 ~ 10,000개의 시냅스들로 신경 회로망을 이루고 있습니다. 이러한 뇌로 인하여 인간이 엄청난 과학 기술적 진보를 이룩하여 지구를 지배하고 있으며, 궁극적으로 어디까지 인류를 이끌고 갈 것인가는 아무도 예측할 수 없습니다.

:: 신비한 빛과 에너지

3,000년 전의 에베루스 파피루스라는 의학서적에 의하면, 이집트의 잠의 사원에서 승려들이 이상한 주문을 외워 병을 낫게 했다는 기록이 있습니다. 승려들은 환자들을 잠들게 하고 주문으로 우주의 신을 불러 치료했던 것입니다.

기공 수련자나 명상가들은 이러한 신비한 빛과 에너지를 부분적으로 운용할 줄 압니다. 그리고 이 신비한 빛과 에너지로 환자를 치유하고 영기파동수로 기를 보강해주기도 하며, 환자의 면역성을 높여 주어 치료를 돕기도 합니다. 또한 이들은 명당을 찾고 수맥을 찾아 차단시켜 생활환경을 개선시켜 주기도 합니다.

이러한 신비한 빛과 에너지의 정체는 과연 무엇이며 도대체 이들의 출처가 어딘가요?

분명한 사실은 신비한 빛과 에너지는 자연현상입니다. 자연현상을 알려면 물리학을 공부해야 합니다. 그래서 나는 물리학 도처에 산재된 신비한 빛과 에너지의 근원을 찾아 나선 것 입니다.

빅뱅이론과 양자역학에서 신비한 빛과 에너지의 출처를 보면 아래 진화나 분화 과정에서 에너지와 의식을 만날 수 있습니다.

무(無) – 우주의 씨 – 에너지 – 의식 – 전자·쿼크 – 핵·전자 – 원자 – 분자 – 물질 = 우주론적 중첩 과정

물질 – 분자 – 원자 – 전자·핵 – 전자·쿼크 – 의식 – 에너지 – 파동 – 초양자 – 무(無) = 양자론적 분화 과정

위의 에너지와 의식의 단계를 에너지정보 장이라고 하며, 이 에너지정보 장은 에너지와 정보가 공존하는 상태로 전 우주에 가득하게 존재합니다. 다시 말해, 모든 만물은 에너지정보 장에서 출발했으므로 우주만물은 의식(성질)이 있습니다.

에너지정보에 의해 우주는 근본적으로 한바탕입니다. 그러므로

에너지정보 장은 상호의식이 통하며 상호작용을 합니다. 에너지정보 장 중에 생명활동에 긍정적인 작용을 하는 스핀 장이 바로 신비한 빛과 에너지입니다.

신비한 빛과 에너지는 특별한 도형, 기도문, 주문, 진언, 부적, 사랑과 감사, 사과와 용서, 이런 것들과 공명합니다. 신비한 빛과 에너지는 잠잘 때, 기쁠 때, 또는 명상 할 때 우주에서 몰려듭니다. 신비한 빛과 에너지의 힘은 건강, 물질, 인연 등의 소망을 들어줍니다. 신비한 빛과 에너지의 출처는 성경, 불경 기타 경전 등이며, 여기에 우리의 삶에 어떠한 영향을 미치는지 또 그 역할이 무엇인지 자세히 쓰여 있습니다.

위의 경전들에서는 수많은 예를 들어가며 모든 사람들이 그렇게 코드를 맞추어 살도록 유도하고 있습니다. 그래서 우리 인간에게 최대의 당김의 법칙 설명서가 다름 아닌, 성경이나 불경 혹은 여타 종교서적이라고 말 할 수 있습니다.

신비한 빛과 에너지는 우주만물의 에너지정보 장 기(氣)와 주파수에 의해 공명합니다. 사람은 정보 스캐너인 송과체의 퇴화로 수신된 정보를 읽지 못합니다. 옛날엔 7백 살 8백 살을 살았는데 오늘날에는 쓰나미가 와도 모르고 사기꾼이 앞에서 사기를 쳐도 모릅니다. 오감의 지팡이로 세상을 더듬거리며 살아갑니다.

당연히 세상이 두렵고 의심스럽고 부정적인 삶을 살 수 밖에 없습니다.

신비한 빛과 에너지의 순환원리를 알면 4차원의 문이 열리며 차원의 경계가 무너집니다. 그리고 우리는 전생·현생·내생을 볼 수 있는 능력이 생기며 연기의 법칙에 따라 순환의 고리에 있는 영원한 존재자임을 깨달을 수 있습니다.

이제 신비한 빛과 에너지 연구의 대가들을 만나볼 차례입니다.

① 빌헬름 라이히(1897~1957):

빛과 에너지를 연구한 사람들 중 가장 대가를 이루고 있는 학자는 단연 빌헬름 라이히라고 할 것입니다. 오스트리아 태생인 빌헬름 라이히는 현대과학적 접근으로 신비한 빛과 에너지를 연구했습니다. 그는 독일에서 정신분석학자로 프로이트학파에서 공부했으며, 1939년엔 미국으로 망명하여 생명에너지를 집중 연구했습니다. 그는 생체와 우주에 편재되어 있는 이미지의 유기적인 에너지를 오르곤이라고 명명했습니다.

라이히는 공간 오르곤 에너지 집적장치도 발명했습니다. 그는 오르곤 집적기(대기광현상)를 제작하여 생명에너지가 인체에 어떻게 작용하는지를 연구했습니다. 유기물이 오르곤 에너지를 흡수하는 원리와 금속이 오르곤 에너지를 표면 반사하는 원리를 이용하여, 외부를 유기물재료인 목재를 쓰고 중간에 단열재인 면을 넣고 내부는 금속관을 붙여서 판넬을 만들었습니다. 이런 판넬을 반복 사용하여 전화 부스와 같은 모양의 집적기를 만들었습니다. 그리고 이 오르곤 집적기에서 암환자를 비롯한 여러 종류의 환자를 치료했습니다.

라이히는 인간에게 존재하는 생명력의 근본은 성에 대한 본능적 욕구라고 보았습니다. 그러므로 성적 욕구를 억제하는 것은 생명력을 저해하여 신경증을 일으킨다고 했습니다. 라이히는 신경증을 근원적으로 치료하기 위해서는 성 에너지가 최고조로 해방되는 상태(오르가즘)가 되어야한다고 보았습니다.

라이히는 이런 생명에너지를 연구 실험하는 과정에서 일반전기는 광속으로 움직이는데 반하여, 생명전기는 거의 정체상태임을 발견했습니다. 또 생물 원형질체(바이온)에서 생명에너지가 방사되는 것을 발견하고 이를 오르곤 에너지라고 명명했습니다.

② 지그문트 프로이트(1856~1939):

흔히 정신분석학의 창시자라고 일려져 있는 프로이트는 생리학자가 되기를 원했으나 파리로 연수를 가서 최면치료 장면을 목격한 후 최면치료사의 길로 들어서게 됩니다. 이 기간 중 발표한 책이 유명한 《히스테리 연구》입니다. 그러나 당시의 빈에는 최면치료에 대한 거부감이 강해서 그는 무려 15년간이나 빈 대학에서 강사자격을 박탈당하고 심한 어려움을 겪기도 했습니다.

그 후 심리적 분석 쪽에 치중하여 '자유연상'이라는 새 기법을 개발하게 되었고, 이 기법을 꿈에 적용하여 '인간이란 의식 세계에서 접근할 수 없는 무의식 세계에 존재하는 본능적 욕망에 지배되는 비합리적인 존재'라는 결론을 도출하여 1900년에 출간된《꿈의

해석》에 발표하게 됩니다.

프로이트의 정신분석학의 핵심은 꿈과 판타지의 해석을 통하여 무의식을 의식화하였다는 데에 있습니다. 즉, 이드(id)가 차지한 자리에 자아를 있게 함으로써 우리 인간이 통찰에 도달한다면 좀 더 합리적 인간이 될 수 있다는 이론입니다.

③ 칼 융(1875~1961):

칼 융의 분석심리학적 이론은 무의식과정에 중점을 두었다는 점에서 흔히 프로이트의 정신분석이론과 동일시되고 있으나, 프로이트의 성욕 및 정신생물학적 이론을 거부하고 있다는 점에서는 차이를 보이고 있습니다. 융은 인간의 욕망은 개인적인 것과 종족의 역사, 목적, 소망에 따라 좌우되며, 실재했던 과거와 가능성을 지닌 미래가 동시에 현재행동을 이끌어간다고 주장합니다. 다시 말해, 프로이트는 사람이 죽을 때까지 본능적인 인과가 반복된다고 보았지만, 융은 창조적 발달과 전체성과 완전성을 추구하며 새로운 삶의 열망이 계속된다고 보았습니다.

융은 스위스 취리히 의과대학병원에서 근무할 당시 프로이트의 자유연상을 한 단계 더 발전시켜서 '단어연상' 이라는 기법을 개발하였으며, 아울러 환자가 지닌 고통의 근본 원인이 되는 여러 가지 생각들을 '콤플렉스' 라는 용어로 정의하기도 하였습니다.

융이 이런 주장을 하게 된 배경에는 어린 시절 목사인 아버지를 싫어해서 아버지와 종교적 논쟁을 자주 벌인 때문이라는 주장도 있지요. 즉, 아버지와 어머니 모두가 업적이나 성취에 대한 강요를 많이 했기 때문에 융의 철학이나 사상에 꿈, 환상, 공상과 같은 키워드가 많이 등장하게 되었다는 겁니다. 특히 융의 철학에 초자연적인 현상이 자주 언급되는 이유는 어린 시절 그와 함께 자란 사촌동생이 영매였기 때문이라는 주장도 있습니다.

④ 프란츠 메스머(Franz Anton Mesmer 1733~1815):

메스머는 심리최면요법치료와 동물자기치료의 대가입니다. 최면술을 뜻하는 용어 중 하나인 mesmerism이라는 단어도 메스머의 이름에서 유래하였습니다. 그는 자신의 박사 논문인 《인체에 미치는 천체의 영향에 관하여》에서, 중세 점성술의 영향을 받아 별이 인간에게 영향을 미친다는 주장을 했습니다. 그는 어떤 신비스런 힘이 하늘의 넓은 공간을 흘러 나와 모든 물질의 내면에 작용하며, 원초적인 에테르, 즉, 신비스런 유동체가 우주 전체를 관통해 흐르고 따라서 인간도 관통한다는 주장을 내세웠습니다.

메스머는 빈에서 병원을 개업해 유명한 의사가 되었습니다. 어느 날 그는 천문학자인 친구로부터 자석으로 위경련을 치료했다는 이야기를 듣게 됩니다. 메스머가 직접 그 여자 환자를 찾아갔을 때 자석을 환자의 배에 올려놓자 즉시 증세가 완화되는 놀라운 장면을 보게 됩니다. 그때부터 그는 자기치료에 몰두하게 되었고 1775년에 《동물 자력》이라는 논문을 발표합니다. 이 논문에서 메스머는, 질병은 체내에 흐르는 유체의 흐름에 이상이 있어서 생기는 것이고, 숙달된 사람은 자기(磁氣)를 이용하여 병을 치료할 수 있다고 주장하였습니다. 그러나 그의 동물자력 이론은 빈의 의사들로부터 사기꾼이라는 비판을 받게 됩니다. 메스머는 1778년 파리로 이주 하였으나 역시 파리의 의학자들의 분노를 불러일으켰습니다. 그럼 에도 불구하고 많은 사람들은 메스머를 찾았으며 따라서 그는 많은 돈을 벌 수 있었습니다.

결국 1784년 정부는 의사들과 프랑스 과학 아카데미의 위원들로 하여금 메스머의 방법을 검증하도록 하였습니다. 이들은 메스머의 주장인 '인체 내에 유체가 흐르며 그 유체에 영향을 주어 병을 치료 한다.' 는 그의 주장은 사기이며 요술이라고 판정하기에 이릅니다. 결국 메스머는 명예를 잃었고, 그의 방법은 한낱 요술에 불과하다 고 평가받게 됩니다. 그 일로 인하여 메스머는 파리에서 추방되었 으나 그의 제자들은 그 방법을 계속 연구하여 최면술의 기초를 확 립하였습니다.

제12장

무경계산책

이 세상에 일어나는 사건은 모두 자연현상입니다. 양자역학에 의하면 이세상은 근본적으로 한바탕이라고 합니다. 이러한 한바탕의 세계가 진화 과정에서 유신론적 세계와 유물론적 세계로 분화됩니다. 초기의식은 에너지로 중첩되어 존재하며, 기하학적 형상을 추구하며, 자기조직의 지능과 정보를 가지고 우주의식을 형성하며, 반 퇴행성과 향 진화성이 있습니다.

이러한 특성을 가진 의식은 정보의 입력·저장·출력이 가능하며 우주만물의 기본질료입니다. 그러므로 우주만물은 선천적으로 의식이 있으며 각각의 고유주파수로 정보와 에너지를 교환하며 상호작용을 합니다.

우주만물은 각각 상호작용하고 상호공명 합니다. 당신이 화를 내면 우주도 화를 냅니다. 당신이 웃으면 우주도 웃습니다. 상호작용 상호공명은 마치 물결처럼 작은 동그라미에서 점점 큰 동그라미로 커지듯이 파동치며 퍼져나갑니다. 나쁜 것은 점점 나쁘게, 좋은 것은 점점 좋게 퍼져나갑니다.

잘 되네! 잘 되네! 하면 점점 잘되고 그런 감정은 계속 우파로 확대해 나가고, 안 되네! 안 되네! 하면 점점 안 되고 그런 감정은 좌파로 확대해 나갑니다.

상호작용과 상호공명을 하는 우주의 마음을 알면 당신은 마음먹은 대로 우주의 마음을 움직일 수 있습니다.

여기서 결론을 내리겠습니다.

나는 당신에게 우주의 참 모습을 보여드렸습니다. 그냥 하기 좋은 말로 착하게 살아가라는 도덕적 윤리적 이야기가 아니라 실질적이고 현실적인, 이룰 수 있는 우주의 원리와 진리를 말했습니다. 그래서 우리가 어떻게 하면 우주의 마음에 쏙 들게 할 수 있는지도 알게 됐습니다.

우주는 모든 것을 다 가지고 있습니다. 건강·물질·인연 등등, 우리가 원하는 것이 우주에 다 있습니다. 우주의 마음에 쏙 들게 당신이 행동하면 우주는 당신이 원하는 것을 다 줍니다. 우주에 있는 모든 것은 주인이 따로 없습니다. 믿음·느낌·감사의 마음을 가진 자가 우주의 주인이 됩니다. 옛말에 순천 자는 흥하고 역천자는 망한다는 이야기가 있습니다. 또 지성이면 감천이라는 속담도 있습니다. 바로 이것이 성공의 지름길이며 행복의 암호입니다.

:: 유도명상법

홀로그램 우주에서 마치 독립된 개체와 같은 환상(의식) 속에 우리는 살고 있습니다. 우리는 행복을 추구하면서도 고통의 길을 선택하는 모순을 지니고 있습니다. 행복의 열망이 크면 클수록 더 큰 고통을 부르는 삶의 길을 가고 있습니다.

참으로 이상하게도 사람들은 순간순간의 선택(창조)에서 고통의 길을 선택하는 성향이 있습니다. 그 이유는 우리가 창조하고자 하는 현실은 환영(maya)이자 신기루이기 때문에 언뜻 보기에 아름답습니다. 그래서 사람들은 쉽게 유혹되어 그 길로 들어가서 수많은 시행착오를 겪으며 인생의 직물을 짜 나가고 있습니다.

이러한 삶의 길을 살아가는 우리의 생각은 맑고 깨끗하지 못하고 노이즈현상이 항상 일어납니다. 마음이 고요하지 못하고 온갖 스트레스와 욕망과 분노로 일렁이고 있습니다. 마음은 에너지정보장에 거처를 두고 있습니다. 마음이 불편하면 에너지정보장이 찌그러지고 상처를 입게 됩니다.

에너지정보 장의 상처는 곧 우리 신체 내의 모든 자율신경계를 다치게 하고 면역체계를 파괴시켜 큰 질병을 유발하게 합니다. 마음의 거처인 에너지정보 장을 잘 다스려야 건강하게 살 수 있습니다.

양자역학적으로 마음을 다스리는 방법은 기공으로 우주의 에너지를 적극적으로 모아서 상처 나고 약해진 에너지정보 장을 복원하여주는 방법과 최면명상으로 마음의 노이즈현상을 없애주고 마음을 고요하게 해줌으로 해서 우주의 에너지가 잘 순환되게 해주는 방법이 있습니다.

유도명상법(최면명상법)일 경우, 유도자는 양자역학의 비국소성원리를 이용하여 우주에 신성한 기운을 피험자에게 주입시켜주어 우주의 신성한 기운으로 피험자의 에너지정보 장을 깨끗이 정화시킵니다. 그리고 우주의 신성한 기운을 피험자의 온 몸에 가득 채워줍니다. 이렇게 해주면 피험자는 한없이 편한 마음으로 깊은 무의식의 세계로 빠져 황홀감에 취합니다.

이때부터 유도자는 피험자의 의식을 자유자재로 유도할 수 있습니다. 과거, 현재, 미래를 종행무진하면서 피험자의 의식구조를 구석구석 점검할 수 있으며, 나쁜 기억은 지우고 나쁜 관념은 없애고 해서 의식교정을 할 수 있습니다. 필요하면 전생체험이나 임사체험 그리고 유체이탈도 유도할 수 있습니다.

이렇게 깊은 명상 중에는 우주와 어떠한 정보교환도 가능하게 됩니다. 코끼리의 힘을 유도하면 괴력으로 쇠파이프도 부러뜨릴 수 있게 됩니다. 아무리 더운 여름날이라도 북극빙하의 냉기를 유도시켜 추워 벌벌 떨게 할 수도 있습니다. 맨발로 불속을 걸어 다닐 수도 있습니다. 우주의 강력한 에너지를 불러들여 불 속을 걸을 때 발에서 냉기가 흐르게 하면 됩니다. 사람들은 이러한 현상을 초능력이라고 합니다. 그러나 이것도 자연현상입니다. 비국소성의 원리로 필요한 에너지를 불러들여 상황에 대응했기 때문입니다.

🌴 오아시스 🐪 의식과 개념 :

- 생각 – 초공간적, 초시간적 인식의 작용
- 의식 – 현재 직접 경험하고 있는 심적 상태의 총체
              (직접적, 주관적 체험)
- 관념 – 판단에 대한 견해(의식과 각성 사이 필터)
- 각성 – 뇌의 생리적 상태
- 무의식 – 각성하지 않은 심적 상태(자각이 없는 상태)
- 초기의식 – 우주의식
- 신(무아) – 우주 ^^

:: 자연과의 대화

초기의식은 홀로그램우주 의식에 뿌리를 두고 있습니다. 초과학적 현상이 여기서 일어납니다. 주파수만 맞추면 우주만물과 상호작용이나 상호공명이 가능하므로 내가 바위가 될 수도 있고, 내가 불이 될 수도 있습니다. 또한 세포와의 대화로 몸속의 종양을 다스릴 수도 있으며, 세포를 안정시키고 자연 살해세포를 증강시켜 몸 안의 질병의 원인을 제거시킬 수도 있습니다.

마음을 다스리는 것은 마음을 안정시키고 마음의 노이즈를 다 걸어내는 것입니다. 즉, 무의식 속의 기억의 창고를 다시 정리 정돈하여 나쁜 기억은 지워 버리고 좋은 기억은 키워주는 행위입니다.

우리는 알게 모르게 관념의 막에서 편파된 사고의 세계를 살고

있습니다. 주된 원인은 유물론적 현대과학의 관념의 벽에 갇혀 살고 있기 때문입니다. 마치 거대한 사회적 의식, 곧, 사상에 의해 애완견 같이 길들여진 수동적 사고로 존재하고 있습니다. 이러한 관념의 벽을 깨고 자유로운 의식을 가지고 창조적 삶을 살아야 합니다. 창조적 의식을 가지고 살기 위해선 관념의 벽을 깨야합니다.

관념의 벽을 허물고 사고의 유연성을 가져야 새로운 창조를 할 수 있습니다. 왜냐하면 사회적 관념에 의식이 지배당하여 자포자기 현상이 있을 수 있기 때문입니다. 사고의 전환으로 관념의 벽을 허물 때라야만 새로운 창조를 할 수 있습니다.

우리는 새로운 창조를 믿어야 합니다. 그래야만 새로운 창조를 좋은 기분으로 느낄 수 있는 것입니다.

관념의 벽을 허무는 방법으로 다음과 같은 훈련을 해 보십시오. 눈앞에 보이는 것만 중요하지 않습니다. 느낌이 중요합니다. 홀로그램 우주에서 초양자로 우주는 하나로 연결되어 있으며, 모든 만물은 초기의식을 가지고 있습니다. 초기의식은 능동적이지 못하나 수동적으로 알아듣고 정보소통이 됩니다. 반드시 마음속의 뜻과 생각을 같이 움직여야 됩니다. 마음속으로 미워하면서 말로만 사랑하면 우주는 못 알아듣습니다.

① 먼저 애완동물들과 대화를 해보십시오. 그리고 가축과 짐승과 새와 곤충과 벌레와 대화를 해보십시오. 그들이 우리의 말을 알아듣고 응답하는 것을 관찰할 수 있습니다. 그 다음에 나

무나 곡식 채소 등 식물들과 대화를 해보십시오. 구름과 대화로 확대해봅니다. 또한 이들과도 말이 통함을 알 수 있다고 했습니다. 그리고 구름이나 바람, 바다, 강 등과 대화를 해보는 것입니다. 구름을 사라지게 주문하고 비가 그치게 주문하면 그렇게 해줍니다. 바위, 산, 사찰, 집, 우물과도 대화를 해봅니다. 특히 수백 년 수령의 느티나무나 동구 밖 나무와도 대화를 해봅니다.

② 우주의 언어를 사용해봅니다. 부적, 기도문, 진언, 살풀이, 굿, 축문, 등등 이러한 언어들이 그냥 있는 것이 아닙니다. 정성을 다해 소망하면 우주는 응답합니다. 지성이면 감천이라는 우리의 속담은 진리입니다. 그냥 듣기 좋으라고 하는 말이 아니며 열심히 하라는 경구도 아닙니다. 간절하고 진정성이 있으면 우주의 법칙에 의해 그 소망이 이루어집니다. 이것 역시 자연현상입니다.

우주와의 대화는 사람들끼리의 대화와는 다릅니다. 사람끼리의 대화는 시청각에 의하여 소통되지만 우주와의 대화는 우주의 에너지정보 장(우주의 마음)과 사람의 에너지정보 장(사람의 마음)간의 소통이므로 사람은 우주의 마음을 느끼면 됩니다. 애완견과 대화하면서 '강아지야 예쁘다' 하고 말하면 사람처럼 말 대신 꼬리를 흔들며 온 몸으로 말을 합니다.

분명히 사람은 그 강아지의 응답을 느낌으로 알아듣습니다.

이와 같이 우주와의 대화는 내가 생각하는 것을 마음 속으로 말을 하거나 직접 말을 하면서 우주의 동식물 혹은 물체에 말을 합니다. 그러면 상대방은 에너지정보 장으로 응답을 하므로 우리는 그 응답의 에너지정보 장을 느끼게 됩니다.

③ 밤하늘의 크고 작은 별들과 대화하고 느껴보십시오. 처음엔 달과 대화해보고 태양계 넘어 은하계로 상상의 나래를 펴고 대화해보세요. 그리고 신비한 우주의 끝없는 시공을 둥둥 떠다니며 우주여행을 느껴보세요. 대우주와의 대화도 느낌입니다. 그냥 감동하고 느끼면 됩니다. 아인슈타인은 인간이 추구하는 궁극은 신비의 베일을 벗기는 것이라고 했습니다.

:: 세포와의 대화

지금부터의 대화는 세포와의 대화입니다. 여기서 세포는 자기세포도 되고 타인세포도 되며 이 세상 모든 생물체의 세포도 됩니다. 우리 몸은 약 60조개의 세포로 이루어졌습니다. 60조개의 세포는 각자 의식이 있고 각자 에너지정보 장을 가지고 있습니다.

위와 같이 여러 중첩단계를 지나서 세포가 생성되었으며 60조개의 세포의 의식이 중첩되어서 우리의 마음이 이루어졌습니다. 그러므로 우리의 마음 바탕은 세포의 마음(무의식)입니다. 세포와의 대화는 우리의 내면과의 대화입니다.

세포와의 대화도 역시 느낌입니다. 우선 자신의 마음이 머무는 에너지정보 장을 느껴봅니다. 마음이 편한가 아니면 불편한가, 불편하면 어디가 불편한가, 하는 마음의 상태를 확인해 보는 것입니다.

마음이 불편한 데는 세 가지 이유가 있습니다.

첫째, 생각을 잘 못하고 있는 경우입니다.

둘째, 세포가 아픈 경우입니다.

셋째, 충격이나 스트레스를 받은 경우입니다.

이러한 마음의 불편을 황금빛 에너지요법으로 치료할 수 있습니다. 태양의 생명 에너지인 황금빛 신기한 기운을 온 몸 세포 구석구석으로 보내 아픈 세포를 생명에너지로 치료하고 면역세포를 왕성하게 활성화시켜 질병의 근원을 뿌리 채 뽑아버립니다. 그리고 에너지정보 장을 복원시켜 마음의 거처를 편안하게 만들어 놓습니다. 세포와의 대화는 명상을 통하여 관념의 벽을 허물고 온 몸의 세포와 대화하는 것입니다. 세포에게 생명의 에너지인 태양의 신기한 기운을 넣어주고 느껴보는 것입니다. 신체 내부 각 기관의 안녕 유무를 관찰하면서 불편한 곳은 강하게 황금빛 에너지를 주입시키고 그 부위를 치료하고 세포를 안정시킵니다. 몸속의 황금빛의 따뜻한 기운을 느끼면 그 신기한 기운은 내 것이 됩니다. 황금빛 에너지요법에 가장 중요한 것은 느낌과 믿음입니다.

세포와의 대화는 다음과 같이 신체의 각 기관과 대화가 가능합니다.

① 두뇌 세포와 대화

② 눈 · 코 · 입 · 귀 세포와 대화

③ 심장 · 간 · 위 · 폐 · 위장 세포와 대화

④ 소장 · 대장 · 신장 세포와 대화

⑤ 손 · 발 · 피부 등의 세포와 대화

이제 우리는 모든 사물과 의사소통이 가능해졌습니다. 상대론적 우주라는 무대에 양자론적 전자나 광자라는 배우들이 활동하는 이 세상에서 끝없는 순환의 고리에 우리는 물려있습니다. 그리고 순환 중에 있는 모든 존재들과 대화를 나눌 수 있을 때 우리는 비로소 그들을 이해하게 되고 또 우리가 누구인지를 깨닫게 됩니다.

요동이라는 무(無)에서 갑자기 생긴 우주의 씨가 인플레이션으로 부풀어 빅뱅으로 우주가 탄생했습니다. 그리고 우주는 전자와 쿼크라는 음양의 물질로 시작하여 우주만물을 생성하고 진화시켜 나갔습니다. 수많은 초신성폭발로 오늘의 나를 찾아 내기 위한 시간 또한 한량없이 지루했습니다.

우주의 시작은 시간과 공간의 시작입니다. 어제 · 오늘 · 내일로 따지면 과거 · 현재 · 미래가 흐르고 있으며 공간 또한 지구촌에서 보면 멀고 가까운 거리감이 있습니다. 그러나 이러한 시공을 우주론으로 보면 우주엔 과거 · 현재 · 미래가 공존하며 우주엔 중심이 없으며 어디서 보아도 다 우주의 중심이 됩니다.

빅뱅에서부터 중첩된 나의 탄생의 뿌리를 직시하고 몸속에 불멸의 DNA가 무한 시공의 강을 따라 흐르는 광경을 바라봅니다. 나는 지금 137억년의 과거를 보고 있으며 현재 살고 있는 내 모습을 1,000만 광년 떨어진 별에서 보려면 1,000만년 뒤 먼 미래에 가서야 보게 될 것입니다. 다시 말해 1,000만 광년 떨어진 별에서 볼 때 나는 1,000만년 후의 미래 사람입니다. 수많은 의식이 중첩된 나의 영혼은 1,000만년 뒤에도 더욱 진화되면서 허허한 우주의 벌판을 떠돌아다닐 것입니다.

🌴 오아시스 🐫 옛날 이야기 :

옛날 정승 집에 머슴이 살았습니다. 참으로 이상한 것은 호의호식을 하는 정승은 매일 얼굴에 수심이 가득하고 삶의 생기를 잃고 살아가고 있는데, 머슴은 힘든 노역에도 아랑 곳 없이 얼굴에 웃음을 가득 띠고 싱글벙글 즐겁게 살았습니다. 알고 보니 밤이 되면 머슴은 꿈 속에서 상전이 되어 주인마님을 아내로 삼고 여러 자식을 거느리고 살았으며, 정승은 머슴이 되어 온갖 고생을 다하며 살았습니다. 그래서 정승은 밤마다 악몽에 시달려 낮이 되어도 돌아오는 밤을 생각하면 살맛이 안 났습니다. 반면에 머슴은 낮 동안 힘든 노역을 하지만 돌아올 밤만 생각하면 힘이 절로 솟았던 것입니다.^^

나는 이 글을 쓰면서 이 세상에 존재하는 그 모든 것에 대해 한없는 경이로움을 느꼈습니다. 내가 어디서 와서 어디로 가느냐가 문제되지 않습니다. 내가 누구인지를 아는 것이 중요치 않습니다. 이 세상에 존재하는 모두와 의식이 통하고 저들과 함께 이 광대한 에너지 바다에서 춤추고 노래하는 나는 한 무리의 전자입니다.

:: 공(空)-최후의 진리

공(空)은 무(無)입니다. 아무 것도 없는 무의 공은 브라만 (brahman) 즉, 현상계의 형상물의 근원입니다. 공은 감추어진 질서이며 영(spirit)이자 순수의식입니다. 의식은 물질보다 더 미묘한 형태이며, 물질보다 더 근본적입니다. 의식의 진화를 거쳐 물질이 생성됐으므로 물질 우주는 가려져 있는 의식의 창조물이며 2차 현실입니다.

창조(baro) 한다는 것은 미망(maya)을 창조한다는 뜻입니다. 마야는 일체인 의식을 분화시켜 대상이 나와 차별되어 보이게 하며 우주 속의 삼라만상으로 분리되어 있는 것으로 보이게 합니다. 화엄사상은 상호연결성, 상호침투성, 상호역동성으로 우주의 모든 부분 속에 온 우주가 숨어있습니다. 우주의 모든 곳이 다 우주의 중심입니다.

공은 무이지만 무(無) 속에는 무한 에너지가 중첩되어 있습니다. 이 공 속의 무한 에너지는 우주만물을 생성시킬 프로그램이 담겨있습니다. 공 속의 에너지는 마치 식물의 씨앗처럼 조건만 갖추면 즉시 의식화를 거쳐 물질로 진화됩니다.

공 속의 에너지가 무엇으로 진화될 것인가는 창조주가 어떻게 프로그래밍하여 놓았느냐에 따라 생물일 수도 있고 무생물일 수도 있습니다. 공의 무엔 스스로 우주만물의 씨앗이 들어 있습니다. 공은 순환과 윤회의 터미널입니다.

공에서 나온 에너지는 풀려난 전자이며 결국 이 세상은 시간과 공간을 무대로 하는 프로그래밍 된 전자들의 활동이며 우리가 보고 느끼는 모든 것이 전자들입니다. 이 세상은 전자의 바다입니다. 이 전자 에너지는 공으로 흘러들어가고 공으로부터 흘러나옵니다.

더 중요한 것은 우주는 13차원의 세계임을 계시하고 있다는 사실입니다.

모든 우주만물이 대립의 쌍을 가지고 있지만 신(神)은 단 한 가지만 대립의 쌍이 없게 하여 우주만물로 하여금 그 대립의 쌍을 찾아 끝없이 순환하고 윤회하게 하고 있습니다. 대립의 쌍이 없는 13차원의 세계엔 신의 언어인 사랑이 있습니다.

명상으로 마음을 비우면 우주의 자유 에너지가 흘러들어 옵니다. 이 우주의 에너지는 우주만물의 근원이며 생명의 에너지입니다. 우주에 풀려난 이 생명의 에너지는 주인이 따로 없습니다. 소망하고 믿고 느끼는 자의 것입니다. 이것이 우주의 법칙이며 창조의 비법입니다.

🌴 오아시스 🐫 자연으로 돌아가리라 :

나는 지금 광나루 한강변을 산책합니다. 광진교의 휘황찬란한 불빛이 강물에 아롱져 비치고 있습니다. 강 건너엔 아파트와 워커힐 호텔 객실에서 흘러나온 불빛들이 별무리처럼 아름답습니다. 그리고 수많은 사람들이 강변을 거닐고 있습니다.

지금 이 아름답고 평화로운 현실 속에 나는 분명 미망의 창조자입니다. 곧 사라지고 없을 것을 창조하고 영원이라고 착각을 하며 살고 있습니다. 지금 이 순간

온도를 1조K도로 높이면 너와 나 구별 없이 즉시 양성자·중성자·전자로 분해되어 온 우주를 안개처럼 뿌옇게 만들 것입니다.

세상은 온도의 변화에 따라 하나일 수도 있고 둘일 수도 있으며 삼라만상으로 분할될 수도 있습니다. 결국 이 우주는 에너지의 조화로 기하학적 결빙된 형상들의 전시장이며 바람난 전자들의 무도장입니다.

행복은 노동으로 만들어진다는 것은 오래전부터의 나의 철학관입니다. 나는 그 행복을 창출해주는 노동을 얻기 위해 전원의 꿈을 꾸고 있습니다. 내 생애 마지막으로 호미를 들 힘이 있을 때까지 나는 자연과 대화하며 자연을 가꾸며 살 것입니다. 그래서 전원생활은 나의 최종의 목표이자 꿈입니다.^^

제13장
사후세계

:: 사후세계

모든 생명체는 사후세계에 대한 궁극의 화두를 가지고 있습니다. 사후세계는 그 누구도 실험하거나 증명하거나 경험할 수 없는 미지의 세계이므로 오로지 두려움의 대상일 뿐입니다. 그러나 죽음이라는 것은 자연현상이며 죽음 이후의 세계 또한 자연현상입니다. 자연현상은 관찰에 의해서 그 궁금증을 풀 수도 있습니다.

항간에 사후세계에 대한 수많은 시나리오가 있습니다. 특히 종교적 시나리오가 가장 많으며 유체이탈이나 임사체험에 의한 추론적 시나리오도 그 수를 헤아릴 수 없습니다.

이런 사후세계의 불가사의한 문제를 양자역학적 이론으로 접근하면 보다 과학적으로 문제를 풀 수 있습니다. 양자역학적으로 접근하기 위해서는 몇 가지 전제가 필요합니다.

첫째, 우주만물의 순환이론에 적용이 되는가.

둘째, 에너지 불변의 법칙에 위배되지 않는가.

셋째, 우주론적 시간과 공간에 적합한가.

넷째, 유신론적 의식세계를 논리적으로 전개할 수 있는가.

여기서 글렌 라인(G. Rein)의 양자 생물학의 핵심을 다시 보면, 생물은 눈에 보이는 육체, 눈에 보이지 않는 육체 및 마음이라는 세 가지 구성 성분으로 되어 있다고 했습니다. 그는 눈에 보이지 않는 육체에 대하여 정보-에너지 장(information-energy field)이라는 용어를 사용하였고 그것을 미세 파동(subtle wave)이라고 하였습니다. 마음은 눈에 보이지 않는 미세 파동에 거처를 두고 있습니다. 마음은 의식들의 중첩으로 구성되어 있습니다.

의식체인 마음을 들여다보면 혼이 중첩되어 있는데, 영혼(靈魂)은 근원적 에너지이며 생명의 질료입니다. 각혼(覺魂)은 지각적 에너지이며 꿈으로 느낍니다. 신혼(身魂)은 혼백이라고도 하며 물질적 에너지이고 꿈으로 느낍니다.

이와 같이 세 부분으로 의식체를 나눌 수 있습니다. 영혼은 생명에너지체로 소멸되지 않는 의식체(본성)입니다. 마치 수소라는 원소가 화학반응으로 물이 되고 불이 되더라도 그 수소 본래의 성질은 변하지 않는 것과 같은 이치입니다. 그러므로 영혼은 생명탄생과 동시에 생명체에 존재합니다. 다시 말해 영혼은 윤회의 본체인 선천 에너지입니다.

각혼은 지각적 에너지로써 생명체가 성장하면서 형성되며 지각이나 예감으로 세상의 정보를 받아들입니다. 텔레파시는 각혼의 작용입니다. 각혼은 정보체로서 죽으면 육신과 영혼에서 빠져나와 구천을 떠돌아다니는 귀신이 됩니다. 빙의 현상을 일으키는 것도 이 각혼의 작용입니다.

신혼은 몸을 지키는 수호신으로 백(魄)이라 하여 죽으면 육신과 함께 무덤으로 들어갑니다. 이 신혼이 동기감응의 작용을 하여 자손들을 발복하게도 하고 자손들을 힘들게도 합니다. 명당에 자리 잡은 신혼은 사후의 육신이 편하여 자손에게 복을 주고, 수맥에 자리한 신혼은 냉기에 육신이 불편해 자손에게 불편을 호소합니다. 이때 자손은 병이 나거나 불길한 사고를 당하게 됩니다. 또 신혼은 각혼과 함께 제삿밥을 먹으러 가기로 합니다.

임종을 맞이하면 죽음을 앞둔 사람은 어김없이 알 수 없는 헛소리를 합니다. 검은 옷을 입은 저승사자가 앞에 보인다든가, 돌아가신 조상님이 보인다든가, 알 수 없는 사람을 따라 길을 가고 있다는 등, 많은 사람들이 이러한 경험을 한 적이 있다고 이야기합니다.

임종을 앞둔 사람에게 사후세계로 들어가는 안내자가 나타납니다. 이것은 영혼의 길이 있다는 증거입니다. 또한 임종을 앞둔 사람은 혼의 통로가 열리고 쉽게 4차원의 세계를 출입하므로 평소 보이지 않는 세계가 보입니다.

죽음의 고통을 경험하고나면 아주 평화롭고 황홀한 상태로 들어갑니다. 그리고 혼은 유체이탈을 합니다. 싸늘히 식어가는 자신의 육신에 더 이상 머물 수 없는 혼(魂)은 육신을 빠져나갑니다. 임종 전에 이미 혼의 출입 통로가 확장되어 쉽게 혼이 육신을 빠져나갈 수 있습니다. 엷은 연기 같은 유체는 사지가 없이 마치 주걱모양 같은 얼굴과 몸체의 형상만 가지고 머리부터 몸으로 발끝으로 차례로 빠져나갑니다.

유체이탈이 된 혼은 3일간 육신주변을 맴돕니다. 각혼과 신혼은 육신을 따라 다니다가 육신이 매장되면 신혼은 육신과 함께 무덤으로 들어가고 각혼은 집안을 맴돌며 자손들의 생활하는 모습을 바라보며 지냅니다.

한편 영혼은 신비한 빛과 에너지가 있는 천상의 생명지대로 입적합니다. 신비한 빛과 에너지가 있는 지대에는 수많은 종류의 주파수로 분할되어 있습니다. 입적된 영혼은 자기 주파수와 공명하는 주파수구역으로 들어갑니다. 각 주파수구역은 우주의 생명체들에게 넣어줄 생명에너지를 보유하고 있습니다.

미생물에서 고등생명 그리고 인간에 이르기까지 세분화된 주파수로 인하여 자동적으로 환생의 길을 걷게 됩니다. 생전에 긍정적 사고로 산 사람은 에너지가 높은 주파수로 편입되고 생전에 부정적 사고로 산 사람은 에너지가 낮은 주파수로 편입됩니다. 에너지가 아주 높은 주파수에 편입되면 천상의 영혼으로 온 우주를 자유자재로 왕래하게 될 것이고, 에너지가 아주 낮은 주파수는 축생이하의 생명체로 환생할 것입니다.

에너지가 보통인 주파수에 편입되면 인간으로 환생하게 됩니다.

환생은 순환논법으로 우주의 근본원리입니다. 또 신비한 빛과 에너지가 있는 천상의 생명지대엔 종교적 믿음을 가지고 습이 된 영혼들이 하나의 의식지구대를 형성하여 인위적인 사후세계를 공언하며 천상에 머무는 영혼도 많이 있습니다. 강한 종교적 영혼들은 영계에서도 세력다툼을 합니다. 천상의 종교적 영들은 지상의 생명들에게도 영향력을 행사하여 산 사람들을 조종하기도합니다.

생명지대는 생전에 살아가면서 긍정적으로 유익한 생명에너지를 많이 충전시켜 놓았느냐, 아니면 부정적으로 유해한 에너지를 많이 충전시켜 놓았느냐에 따라 사후세계에 거처가 자동적으로 결정됩니다. 지상의 모든 생명체는 죽어 이곳으로 영혼이 집결되며 다음 생을 준비합니다.

대자연의 순환논법에서 보면 육신은 기하학적 형상의 입자와 에너지 상태의 파동으로 상호작용하며 순환하고, 영혼은 파동상태로 지상과 천상의 에너지 지대를 마치 대기(大氣)처럼 순환합니다.

🌴 오아시스 🐫 영혼, 각혼, 신혼 :

영혼, 각혼, 신혼은 죽은 사람의 몸에서 유체이탈되어 나와 잠시 하나의 에너지체로 머물다가 각자 흩어집니다. 영혼은 천상의 생명에너지 지대로 가고 신혼은 시신을 따라 무덤에 묻히고 각혼은 생전 습에 따라 구천을 떠돌아다닙니다. 비록 혼이 세 갈래로 흩어졌지만 상호 에너지파동에 의하여 공명현상을 일으키면서 영향을 미칩니다.

각혼과 신혼이 거처가 불편하면 천상의 생명에너지 지대에 입적한 영혼은 다음 단계의 순환작용을 못하고 정체되고 맙니다. 정체의 기간이 너무 길면 기운을 잃고 생명에너지로 순환하지 못하고 하위에너지로 전락합니다. 신혼(백)이 수맥 등으로 불편하거나 각혼(귀)이 업에 집착하여 영혼과 나쁜 동기감응을 하면 영혼은 에너지가 쇠락해져 낮은 주파수대로 떨어집니다.^^

　　불교의 윤회사상은 대자연의 순환논법에 근거를 둔 사후세계의 모델입니다. 불교나 기독교 혹은 여타 종교가 인간 사회를 자비와 사랑으로 에너지를 키워 후생을 성장시켜주는 긍정적인 역할을 하는 것은 틀림없습니다. 다만 각종 종교들이 사후세계에서 세력화해서 자연적 순환에 배치되는 고정관념은 탈피해야 합니다.

　　영혼이 인간으로 환생하는 주파수에 입적했다면 그 영혼은 인간으로 환생을 대기하면서 천상에 머뭅니다. 그리고 지난 생의 모든 기억을 공의 터널을 지나면서 세탁을 하고 아주 깨끗한 영혼으로 지상의 새 생명으로 들어갑니다. 새로운 영혼은 세탁을 했으므로 전생과 인연을 끊은 상태입니다. 그러나 공교롭게도 전생에 맺은 인연들이 살아온 환경이 비슷하므로 후생에 다시 인연을 맺을 확률이 많습니다. 심지어 여러 생을 인연으로 가진 영혼도 많습니다.

　　티베트 불교의 《사자의 서》는 49일 동안 사자가 환생할 때까지 길을 잃고 방황하지 않도록 사자에게 길을 안내하는 책자입니다.

　　티베트의 사자(死者)의 서(書)는 모든 생명체들의 윤회에 대해 논리적으로 가장 잘 설명한 사후세계 모델 중의 하나입니다. 티베트에서는 사람이 죽으면 조장이라고 해서 육신을 독수리에게 공양하고 영혼은 승려들이 주문을 외우며 환생의 길로 안내합니다. 《사자의 서》에 의하면 사람이 죽으면 유체이탈이 되고 저승사자의 안내로 염라국으로 들어가서 염라대왕의 심판을 받습니다. 선행엔 흰 자갈을 놓고 악행엔 검은 자갈을 놓습니다. 선행이 많으면 신이나 인간으로 환생하고 악행이 많으면 축생이나 지옥에 떨어집니다.

사자의 서에는 네 가지 바르도가 있습니다.

① 치카이 바르도 1단계 : 죽음의 현상에 대한 몇 개의 가르침과 죽음의 순간에 나타나는 최초의 투명한 빛으로 사자를 인도하는 법입니다.

② 치카이 바르도 2단계 : 사후에 곧바로 나타나는 두 번째 투명한 빛에 대한 가르침이며, 이 단계에서는 사자가 자신이 죽었는지 살았는지를 모르고 있습니다.

③ 초에니 바르도 3단계 : 존재의 근원을 체험하는 것에 대한 서론적 가르침이며 사후세계의 환영들이 나타납니다. 사자는 죽음을 인식하고 장례식이 치러지는 광경을 목격하며 소리와 색과 빛을 경험하며 당황해 합니다. 이때 사자를 존재의 근원으로 잘 인도해야합니다. 이 단계에 머무는 기간이 49일입니다.

④ 시드파 바르도 4단계 : 환생의 길을 찾는 사후세계의 가르침이며, 전생의 인연을 끊고 새 생명으로 잉태하는 단계입니다.

양자론의 대자연 순환논법으로 사후세계에서 영혼은 신비한 빛과 에너지가 있는 천상의 생명지대로 입적하여 자신의 에너지 주파수와 공명하는 주파수에 편입되어 있다가 지상의 새로운 생명체와 인연을 맺습니다. 이 영혼은 공의 터널을 지나면서 세탁했으므로 전생과 모든 인연을 끊었습니다.

반면에 각혼(귀)과 신혼(백)은 전생의 인연을 간직한 채, 각혼은 구천에서 신혼은 무덤에서 그의 자손들과 동기감응으로 상호작용을 하며 200~300년을 존재합니다.

영혼은 천상의 에너지로 새 생명에 들어와서 육신과 함께 생명현상으로 존재하는 선천 에너지입니다. 반면에 각혼과 신혼은 성장 과정에서 자생된 후천 에너지입니다. 선천 에너지는 천상의 기운으로 존재하므로 영원히 순환하는 생명의 질료이며, 각혼과 신혼은 사람이 죽으면 성장을 멈추고 세월이 지남에 따라 기운이 쇠퇴해져서 200~300년을 존재하다 소멸합니다. 육신이 없는 각혼과 신혼은 제삿밥을 실제로 먹지 못하며 습관적으로 음식을 보고 배가 부르다고 느낄 뿐입니다.

영혼, 각혼, 신혼은 에너지와 파동의 중첩으로 형성되었으며, 세상의 정보를 느낌으로 받아들입니다. 다시 말해, 입자로 관찰하는 오감 보다 훨씬 많은 정보를 받아들일 수 있습니다. 그래서 산 사람과 대화가 필요하면 꿈에 나타나서 서로 에너지 파동으로 대화를 합니다.

각혼은 구천에 떠돌아다니지만 대체로 생전에 인연이 있는 장소나 사람의 주변을 맴돕니다. 때로는 산 사람의 몸에 들어가 다중인 격자를 만들기도 합니다. 각혼이 산 사람에게 들어갈 때 일정한 통로가 있습니다. 접신 통로로 눈, 인당, 백회, 노궁, 용천 등으로 출입합니다. 백회·노궁·눈·인당·용천 등은 우주의 에너지 기(氣)의 통로입니다. 대체로 기가 약한 사람이 귀신에 잘 들립니다.

접신이 되면 불면증, 만성피로, 소화불량 등의 증세가 나타나며 현대의학으로 진찰이 불가능합니다. 접신의 양태를 보면 뿌리내려 사는 귀신, 몸을 아프게 하는 귀신, 미치게 하는 귀신, 무당이 되게 하는 귀신 등이 있습니다. 이러한 귀신은 강력한 에너지 기(氣)를 가지고 퇴마시키고 그의 통로를 차단시키면 됩니다. 또는 최면 요법으로 귀신이 붙은 부위를 두드리며 천상의 황금 문으로 들어가도록 천도시켜주면 됩니다. 또 한 가지 더한다면 구병시식법이 있습니다. 신묘장구 대다라니경을 외우면 귀신이 물러갑니다.

옛날이야기를 하나 들려드리고 넘어가겠습니다.

조선조 진묵대사가 어느 절에서 객승으로 묵고 있는데 불공을 드리는 신자들이 너무 정성스럽게 보였답니다. 그래서 진묵대사는 절에 그려진 신장 그림의 이마를 목탁 방망이로 탁탁 치며 '이사람들의 소원 좀 들어주게.' 하자 신장들이 즉시 소원을 들어주었답니다. 그 후부터 이 절은 소원을 잘 들어 주는 절이라고 소문이 났습니다.

신도들이 그 절에 가서 불공을 드리겠다고 마음을 먹으면 그날 밤 신장이 꿈에 나타나서 '절에 안 와도 불공드린 것으로 치고 소망을 들어 주겠으니 제발 절에 오지 말라.' 고 부탁을 했답니다. 절에 와서 불공을 드리면 진묵대사가 목탁 방망이로 이마를 치니 아프고 귀찮다는 것입니다. 도가 높으면 귀신은 명령만 해도 달아난다는 교훈적 이야기입니다.

🌴 오아시스 🐪 영매 :

영매(무당)는 접신이 되어 영계와 현상계를 오가며 정보를 줍니다. 접신은 묘지를 잘 보는 신, 병을 잘 고치는 신, 귀신을 잘 쫓는 신 등이 있습니다. 접신이 되는 원인은 전생의 인과응보로 원한이 깊을 때, 주파수가 같을 때, 육신이 필요할 때, 귀신에게 음식을 대접할 때, 비명횡사할 때, 신 내림을 할 때 등입니다.^^

🌴 오아시스 🐪 대원경지(大圓鏡智) :

산이 비치면 산이고 강이 비치면 강입니다. 마음에 각인을 하지 않는 수행경지를 말합니다. 백정식의 경지에 들어야 영혼이 깨끗하여 마음을 자유자재로 부릴 수 있습니다.

조선말기 경허스님과 만공스님의 대담 일화가 있습니다. 경허스님은 만공스님의 스승입니다. 어느 날 두 사람은 길을 가다가 개울을 만났습니다. 그 개울에는 젊은 여인이 물을 못 건너서 안달하고 있었습니다.

경허스님이 그 여인을 번쩍 업고 내를 건너게 해 주자 여인이 경허스님께 드릴 것도 없어 사례를 못하니 어떡하면 좋으냐고 하더랍니다. 그러자 경허스님이 여인의 엉덩이를 세 번 때리며 사례를 받은 것으로 하겠다고 했답니다.

이러한 광경을 목격한 만공스님은 내심 기절초풍했습니다. 여인을 업은 것도 파계(破戒)요, 여인의 볼기짝을 때린 것은 파계의 도를 넘었으니, 절에 돌아와서도 만공스님은 도무지 잠을 이룰 수가 없었습니다. 어떻게 큰스님이 그럴 수가 있을까, 자기가 입만 벙긋하면 큰스님은 파계승이 되어 쫓겨 날판인데 정작 경허스님은 시침을 뚝 떼고 있는 것이 아닌가.

만공스님의 머릿속엔 온통 여자를 업고 물을 건너는 경허스님의 모습으로 꽉 찼습니다. 여인을 등에 업으면 감촉이 어떨까? 엉덩이를 때릴 때 기분은 어떨까? 참다못해 사흘째 되던 날 만공은 자다 일어나 경허스님을 찾아갔습니다. 그리고 경허스님이 여인을 업은 것을 덮어 주겠다고 말하면서 왜 그런 파계행위를 하셨는지 따졌습니다.

그때 경허스님은 말씀하기를, '나는 다 잊었는데 너는 그걸 아직도 마음에 담아두었구나. 대원경지라 하였거늘 마음에 각인하지 말고 거울처럼 산을 비추면 산을 담고 강을 비추면 강이 담기듯 그렇게 수행하라했거늘…' 하면서 한탄하셨다는 이야기입니다.^^

🌴 오아시스 🐫 백정식 :

- 오식 – 청·시·후·미·촉의 오감으로 보는 세상
- 육식 – 오감에 인식을 더하여 보는 세상
- 칠식 – 육식에 지식을 더하여 보는 세상
- 팔식 – 해탈로 보는 세상
- 백정식 – 윤회에서 해방되어 느끼는 세상^^

천상의 생명지대에서 영혼의 에너지 주파수에 따라 환생을 합니다. 환생을 불교에서는 윤회라고 합니다. 불교윤회엔 업보에 따라 지옥·아귀·아수라·축생·인간·천상 여섯 개의 세계로 나눕니다. 또한 아주 에너지가 높으면 원력소생이라 하여 생사출입을 자유자재로 합니다.

태어나고 싶으면 아무것으로도 태어나고 죽고 싶으면 아무 때나 죽을 수 있는 영혼입니다. 원력소생한 사람은 영혼 출입이 자유로워 마치 달마대사처럼 육신을 두고 자유자재로 4차원의 세계를 여행할 수 있습니다. 이렇게 영안이 열린 사람이 우리 주변에도 더러 있습니다. 육신의 옷을 입으면 4차원을 볼 수 없어 일반인은 오감으로 밖에 세상을 볼 수 없습니다.

또 근본윤회가 있습니다. 우주의 생성과 소멸이 거듭 되는 것을 말합니다. 이 근본윤회까지 탈피해야 비로소 윤회의 사슬을 끊는 다고 불교에서는 말합니다. 근본윤회는 우주의 생성과 소멸이 되 풀이 되는 과정을 말합니다. 근본적으로 우주는 한 바탕에서 출발 했고 만물이 하나의 운명을 가지고 있습니다. 그러므로 내가 우주 이고 우주가 곧 나라는 사실을 알아야 합니다.

:: 빙의

빙의(憑依)란 장소나 사람에게 귀신이 은신해 있는 것을 말합니 다. 사후세계에서 밝혔지만 사람의 혼은 신혼(身魂), 각혼(覺魂), 그리고 영혼(靈魂)으로 구성되어 있습니다.

사람이 죽을 때가 되면 몇 가지 공통적인 징후가 나타납니다.
① 임종자가 저승사자가 보인다는 등 헛소릴 합니다.
② 흰 옷이나 검은 옷 입은 사람들이 임종자나 가족의 꿈에 나타 납니다.
③ 임종자가 멀리 떠나는 꿈을 꿉니다.
④ 임종자가 알 수 없는 장소에서 돌아가신 조상을 만납니다.
이러한 현상들이 임종자나 가족들의 꿈에 나타나고 얼마 안 있어 임종을 하게 됩니다. 비록 의사가 사망을 진단하더라도 완전한 사

망으로 볼 수 없으며, 망자의 여러 구멍에서 노란 액체가 나와야 비로소 죽었다고 할 수 있습니다.

임종직후 혼은 싸늘한 시체를 빠져나갑니다. 이것을 유체이탈이라고 합니다. 유체는 평소 아홉 배의 기억력을 발휘합니다. 고통의 옷을 벗은 유체는 황홀한 느낌을 가지며, 슬피 우는 유족들을 의아하게 바라보면서 자신의 시체주변에서 맴돕니다. 사후 2~3시간이 지나면 근원적 에너지인 영혼이 먼저 유체에서 분리되어 천상의 신비한 빛과 에너지가 있는 생명지대로 입적하여 윤회의 길을 걷기 시작합니다. 영혼은 대체로 긴 터널과 황량한 벌판을 지나고 신장상이 있는 문을 통과하여 눈부신 빛을 따라 저승으로 들어간다고 합니다.

각혼과 신혼은 시신 주변에서 장례절차를 다 보고 장례식장에 누가 조문을 왔는지 어떻게 시신이 처리되는지도 지켜봅니다. 장례가 끝나면 물질적 에너지인 신혼인 혼백은 시신과 함께 매장되어 시신을 수호합니다. 이 신혼은 자손과 물질적 에너지로 동기감응을 일으키며 상호작용을 합니다.

음택이 명당이면 시신이 편하여 자손들에게 복을 발하게 하고, 음택이 수맥으로 시신이 편치 못하게 하면 자손에게 그 불편함을 호소합니다. 그 신호가 자손을 아프게 한다거나 사고를 나게 하는 것입니다. 지각적 에너지인 각혼, 귀(鬼)는 장례절차가 끝나면 평소 지내던 집이나 장소, 혹은 좋아하는 자손을 따라가서 그 주변을 맴돌면서 지냅니다. 주로 제삿밥을 얻어먹으며 구천을 떠돌아다님니다. 통상적으로 우리가 귀신이라고 하는 것이 바로 각혼입니다. 이 신혼과 각혼은 2백 내지 3백년을 존재하다가 유골과 하게 소멸 됩니다.

꿈은 산자와 죽은 자의 만남의 광장입니다. 꿈은 파동형태의 에 너지 장에 의하여 만들어진 4차원의 공간입니다. 죽은 자가 할 말 이 있으면 꿈에 나타나 의사를 전달합니다. 산 자는 죽은 자의 의사 를 잘 파악하여 그 소원을 들어주어야 아무 탈이 없습니다. 꿈에 나 타나는 것은 각혼과 신혼입니다.

빙의를 일으키는 주체가 바로 지각적 에너지인 각혼(귀신)의 짓 입니다. 대체로 귀신은 죽음을 인정하고 스스로 산 자와 인연을 멀 리하고 자연의 순환법칙에 순응합니다. 귀신은 생전에 주 생활터 전에서 습(習)에 따라 에너지 활동을 합니다. 귀신들의 활동 무대 는 지하 수백 수천 미터까지 수맥을 따라 이동합니다. 에너지가 아 주 높은 귀신은 명산대찰에 머물며 우주 에너지의 흐름을 감독합니 다. 이렇게 에너지가 높은 귀신은 산, 강, 들, 바다, 등지에서 수호 신적인 작용을 합니다. 에너지가 낮은 귀신들은 죽음을 인정 못하 고 원한에 사로잡혀 산 자의 주변을 기웃거립니다.

빙의를 일으키는 귀신들은 자살한 귀신, 요절한 귀신, 낙태한 귀 신, 그리고 습관에 중독(마약, 담배, 주색, 물질 등) 된 귀신들이 있 습니다.

다음과 같은 증상을 보이면 대개 빙의 증상으로 보아도 무방합니다.

① 집중력이 떨어지고 건망증이 심한 경우

② 악몽이나 죽은 자를 꿈에 자주 보는 경우

③ 뱀, 고양이, 아기 등의 꿈을 자주 꾸는 경우

④ 가위 눌림, 두통, 무기력, 의욕상실 등의 증상

⑤ 비웃는 표정, 공격적 성격, 눈에 광채, 창백한 얼굴 등

⑥ 불안, 초조, 심장 두근거림 등.

그러면 어떤 사람들이 빙의에 걸리기 쉬운 사람들일까요?

그들은 대개 심약한 사람, 연속으로 긴장 속에 놓여 있는 사람, 심한 정신적 충격을 받은 사람, 또는 종교적 접신의 단계에 와 있는 사람들입니다.

집안에 자살 귀신은 또 다른 자살을 부릅니다. 그리고 비명횡사한 귀신은 그 장소에서 또 다른 비명 횡사를 부릅니다.

빙의는 어느 곳을 통하여 우리 인체에 들어오게 되는 걸까요?

① 눈, 인당, 백회, 노궁, 용천 등 에너지 기(氣)의 통로로

② 수맥을 타고

③ 컴퓨터, TV등 전파를 타고

④ 꿈을 통하여

⑤ 나쁜 기운이 있는 장소인 묘지, 거목, 거석, 산신각, 강, 상여를 타고

⑥ 흉가나 사망사고 지점 등에서.

사람이 죽을 때는 반드시 조상이나 사자의 안내를 받으며 혼이

유체이탈 되어 육신을 떠납니다. 밤에 잠자다가 죽으면 망자는 꿈을 꾸는 것으로 착각하며 사후세계로 들어갑니다. 물론 자기의 장례식을 치루는 광경도 보지만 크게 당황하지 않습니다.

반면에 교통사고나 불의의 사고로 죽으면 유체이탈 현상을 일으키며 자신의 죽은 모습을 내려다 보며 당황한 모습을 보입니다. 갑작스런 죽음엔 조상이나 사자가 한참 뒤에 나타납니다. 아주 드문 현상이지만 망자가 죽음을 깨닫지 못하고 살아 있는 것으로 착각하며 사자의 안내를 거부하고 평소 살던 곳을 떠돌아다니기도 합니다.

각혼과 신혼이 편해야 천상의 영혼이 업에 따라 순환의 대열로 편입할 수 있습니다.

오늘날 물질만능주의로 정신적 양식은 메말라가고 있습니다. 의학적으로 아무 이상 없는 사람들이 심한 무기력 상태에 빠지거나, 우울증, 강박관념, 공포증, 공황장애증, 정신분열증… 등등 알 수 없는 증상에 시달리고 있습니다. 이들 모두는 귀신이 몸의 주인의 동의 없이 무단 침입하여 의식을 지배하므로 발생시킨 병입니다. 귀신은 산 사람을 통해 욕구를 채우려합니다.

여기에서 제가 직접 경험한 사례를 한 두어 가지 들려 드리겠습니다.

첫째 사례입니다.

그 아이들의 성명을 밝힐 수는 없지만, 고등학교 3학년 남학생과 1학년 여학생이 독서실에서 만나 사귀게 되었습니다.

4월 중순 어느 날 둘은 독서실을 나와 귀가 길에 데이트를 하고 있었습니다. 여학생이 인도 아래쪽에 떨어진 목련꽃잎 하나를 주우려고 차도에 내려간 순간 과속으로 달려오던 트럭이 여학생을 순식간에 치었습니다. 남학생은 재빨리 여학생을 안았으나 여학생은 숨을 가쁘게 쉬더니 그만 죽고 말았습니다.

그 후 남학생 꿈에 여학생이 나타나 책상 위에 목련꽃을 놓고 갑니다. 여학생이 책상에 얹어 놓고 간 목련꽃엔 '오빠 일 년 뒤에 함께 가자.' 란 글씨가 쓰여 있었습니다. 그런 꿈을 자주 꾸면서부터 남학생은 점점 머리가 몽롱해지고 눈에는 광기가 흘러나왔으며, 결국에는 정신 착란현상을 일으켜 학업을 포기하기에 이르렀습니다.

나는 남학생 부모의 요청으로 가정방문을 하여 그 남학생을 상담했습니다. 최면으로 남학생을 유도하여보니 귀신이 붙어 있다는 것을 알게 됐습니다. 여학생의 각혼이 남학생의 머리에 붙어있었던 것입니다.

며칠 후, 음식을 잘 차려서 귀신에게 대접해주고 세상의 이치를 알려주었습니다. 귀신에게 윤회의 길을 가도록 잘 설명했더니 귀신은 순순히 물러갔으며, 그후 얼마 지나지 않아 남학생은 정신착란증세가 사라지면서 서서히 건강이 회복되었습니다.

두 번째의 사례입니다.
대체로 빙의는 주변 사람의 귀신에 의해 걸립니다.
65세 되는 초로의 여인이 35년 동안을 심한 빙의에 시달려 왔습니다. 퇴마를 해 달라는 부탁을 받고 방문을 해서 먼저 피험자와 상담을 했습니다.

그 여인을 첫눈에 보아도 눈빛에 광기가 서려있고 얼굴이 창백해 보였습니다. 아주 전형적인 빙의 환자임에 틀림없어 보였습니다.

피험자를 유도명상법으로 몰입시켜 내재된 두 개의 객귀를 찾아 냈습니다. 하나는 태아영이고 또 하나는 동자귀신이었습니다. 태아영은 35년 되었고 동자귀신은 25년 되었습니다. 둘 다 여인의 혈육임이 분명해 보였고 곧 두 귀신을 달래기 시작했습니다.

특별히 영가시어를 독송할 필요 없이, 사람을 설득하듯 우주의 순환 원리와 윤회의 이치를 조리 있게 설명했습니다. 그녀는 처음 엔 내게 욕을 하면서 완강히 저항하더니 점차 내 말 뜻을 알아듣고 조용히 내 말에 집중했습니다.

태아영에게는 '세상의 빛도 보기 전에 낙태를 해서 미안하다.' 고 사과하고 '엄마는 더 슬프게 생각하고 있다.' 라고 말해 주었으 며, 동자귀신에게는 '너 잃고 엄마가 얼마나 애통했는지 아느냐?' 고 타일러 주었습니다. 그런 후에 '너희도 불편하고 엄마도 불편하 니 동생과 여기 차려놓은 음식 배불리 먹고 저 밖에 나가 놀아라.' 고 일러주었습니다. 그러자 두 영은 흐느껴 울면서 서로 손을 잡고 동시에 그 여인의 몸에서 빠져나갔습니다.

이번에는 다른 예를 들어보겠습니다.
해인사 강원에서 공부하던 학인스님이 스님들과 함께 잣을 따러

산에 갔습니다. 그런데 한 스님이 잣나무에 올라가서 잣을 따다가 떨어져 죽고 말았습니다. 그러나 죽은 스님은 자기가 죽은 줄을 모르고 자꾸 어머니가 생각나서 속가의 집으로 돌아갔습니다. 집에 가서 보니 누나가 길쌈을 하고 있었습니다.

그 스님은 배가 고파서 누나 등을 짚으며 밥 좀 차려달라고 했습니다. 그러자 누나가 갑자기 머리가 아프다며 쓰러지고 그 집에는 난리가 났습니다. 그 스님은 갑자기 소동이 벌어지자 구석에 밀려 앉아 사태를 주시하고 있었는데, 어머니가 보리밥과 나물을 된장국에 풀어 바가지에 담아 와서 시퍼런 칼을 들고 내두르며 벼락같은 고함을 질렀습니다.

"네 이놈의 객귀야 썩 물러가거라!"

그 스님은 깜짝 놀라 뛰어나오면서 투덜댔습니다.

"다시 이놈의 집구석에 오나 봐라!"

그 스님은 크게 실망하고 다시 해인사로 발걸음을 돌렸습니다. 도중에 길옆 꽃밭에서 청춘 남녀가 춤을 추며 놀고 있었습니다. 한 여자가 그 스님에게 와서 같이 놀자고 했습니다. 스님은 출가한 몸이 어찌 여자와 춤을 추고 놀겠는가 하고 뿌리치고 길을 재촉했습니다.

그리고 또 산속 길을 가던 중 수십 명의 청년들이 노루를 잡아 구워먹고 있었습니다. 그들은 그 스님을 불러 고기 맛 좀 보고 가라고 했습니다. 그들도 뿌리치고 절에 도착하니 재(齋)를 올리는 염불소리가 들렸습니다. 염불소리를 따라 가보니 열반당 간병실에 자기와 똑 같이 생긴 사람이 누워있었습니다. 그리고 옆에는 어머니가 슬피 울고 있었습니다. 그 스님은 기가 차서 누워있는 자기 닮은 사람을 발로 차면서 일어나라고 하는 순간에 그 스님의 혼이 다시 육신 속으로 들어오므로 살아나게 됐다는 이야기입니다.

🌴 오아시스 🐫

귀신이 붙으면 사람이 아픈 이유는, 첫째, 객귀와 주파수가 안 맞고, 둘째, 귀신은 냉기이므로 온기인 산 사람의 몸에 냉기를 주어 세포를 파괴하거나 이상반응을 일으키기 때문입니다. 꿈속에서 망자를 만나면 서로 떨어져서 바라봅니다. 절대로 부둥켜안고 울지 않습니다. 에너지가 다르므로 서로 다치기 때문에 다소간 거리를 두고 만나는 것입니다.^^

옛날 경북 상주에 천석꾼이 살았습니다. 어느 날 마당에 누런 구렁이 한 마리가 나타나서 집안으로 들어오는 것을 주인집 아들이 몽둥이로 때려잡았습니다. 그 집 머슴이 죽은 구렁이를 앞개울에 버렸습니다.

이튿 날 아침에 사람들이 세수하려고 개울물로 갔다가 기겁을 하고 도망쳤습니다. 황구렁이를 버린 앞개울에 수천 마리도 넘는 수많은 종류의 뱀들이 몰려들어 마치 장례식이라도 치루는 듯 죽은 뱀을 울려 매고 서로 몸을 꼬면서 한 이틀을 야단법석을 치더니 모두 사라졌습니다.

그 후 며칠 안 되어 천석꾼 주인이 갑자기 죽고 이듬해 아들이 죽고 농사는 흉년이 들고 하더니 5년 만에 천석꾼은 쫄딱 망했습니다. 견디다 못한 그 집 안주인이 다니는 절에 가서 스님에게 물어보니 구렁이가 천석꾼의 집을 지켜주며 천하 부자가 되도록 해주었는데 못 알아보고 오히려 죽였으니 구렁이의 각혼(귀신)이 원수를 갚기 위해 그 집을 망하게 했다는 것입니다. 스님은 죽은 사람들을 모두 좋은 곳으로 보내드리는 천도 제를 지내주고 구렁이의 넋도 달래주어 멀리 가도록 했답니다.

또 다른 이야기를 하나 들려드리겠습니다. 경상도 산골마을에 한 농부가 살았습니다. 그는 장날 소에다 나무를 잔뜩 싣고 30리나 되는 장터로 가서 나무를 팔았습니다. 그날은 마침 부친의 제삿날이라 농부는 어두운 오솔길을 재촉하여 소를 몰고 집으로 돌아가는 중이었습니다.

마을이 가까워지자 멀리서 마을의 불빛이 보이기 시작했습니다. 그때 길옆에 있는 작은 바위 위에 인기척이 있어 살펴보니 돌아가신 아버지가 흰 두루마기 옷을 입고 앉아 있었습니다. 농부는 깜짝 놀라 "아이고, 아버님 왜 여기에 계십니까?" 하고 말하면서 아버지를 번쩍 안아 소 질매 위에 태우고 새끼줄로 떨어지지 않도록 묶었습니다. 그리고 길을 재촉하여 집에 도착했습니다.

농부는 마당에 들어서면서 "얘들아 아버님 오셨다. 모두 나와 인사드려라." 하고 큰 소리로 집안 식구들을 불렀습니다. 제사 지내려고 방안에 모여 있던 사람들이 나와 보니 소 질매 위에 몽당 빗자루를 꼭꼭 묶어 놓았답니다. 이 이야기는 실제로 있었던 일로 그날 제삿밥 먹으려 망자가 소를 타고 온 것입니다.

　귀신은 가끔씩 사람의 손때가 많이 묻은 부지깽이, 빗자루, 절구공이, 혹은 지게 등등에 붙어 사람으로 현현합니다. 이러한 사례는 너무나 많습니다. 사례가 많다는 것은 흔히 일어나는 자연현상이란 의미입니다. 귀신은 파동으로 존재하는 각혼 에너지체입니다. 이 세상 모든 사람이 죽으면 사후세계에 존재할 영혼들입니다.

　그러므로 귀신을 쫓을 때 다짜고짜로 야단치고 죄인 다루듯 하면 안 됩니다. 귀신은 사람 보다 말을 더 잘 알아듣습니다. 우리는 귀신에 대하여 잘 못된 고정관념을 가지고 있습니다.

　미신이라는 편견을 가지고 귀신을 잘 못 이해함으로 해서, 산 사람도 힘들고 죽은 사람도 힘들게 합니다. 귀신은 자연현상입니다. 육신을 가진 산 사람은 정신이며, 죽은 사람은 육신의 옷을 벗고 영혼·각혼·신혼으로 분리됩니다. 영혼은 육도윤회를 하기 위해 천상의 생명지대 에너지 주파수대로 떠나고, 육신을 수호하는 신혼은 육신과 함께 무덤 속으로 들어가고, 각혼만이 살아생전의 터전과 사람 주변을 떠돌아다닙니다.

　보통 귀신은 꼭 할 이야기가 있으면 산 사람의 꿈에 나타나 현몽을 합니다. 꿈은 산 사람과 죽은 사람의 만남의 광장입니다. 꿈은 에너지정보 장으로 의식이 공명하는 공간입니다.

　산 사람도 꿈을 타면 시공을 초월하는 영계를 여행할 수 있으며, 살아 있는 모든 사람들은 꿈을 통해 전생·현생·내생을 왕래하고 있습니다. 그러므로 귀신이 특별한 존재가 아닙니다. 이 세상 그 누구도 알 수 없는 순간에 귀신이 됩니다. 그러므로 귀신을 잘 다스리고 대우하므로 산 사람과 죽은 사람간의 평화공존으로 존재의 질을 한 차원 높여야 합니다.

무엇인가 불만이 있는 아이는 밖에 가서 재미나게 친구들과 어울려 놀 줄 모르고 집안에서 칭얼대며 사람을 못살게 합니다. 이런 경우 부모들은 무턱대고 아이를 나무라지 말고 욕구불만을 잘 해결해 주며 사랑으로 감싸주어 밖에 나가서 친구들과 어울려 놀도록 해야 합니다.

귀신도 마찬 가지입니다. 귀신도 맺힌 한이 있어 산사람에게 칭얼대고 보채고 하는 것입니다. 이런 경우 야단치지 말고 지극한 사랑으로 잘 달래고 육도윤회의 세상원리를 이야기해 주면 귀신은 모든 미련을 버리고 공손히 물러갑니다. 귀신은 떼쓰는 아이 보다 훨씬 말이 잘 통하고 잘 알아듣습니다.

신혼과 각혼은 공급 받는 에너지원이 없으므로 2백년 내지 3백년이 되면 소멸되고 맙니다. 다만 영혼은 천상의 신비한 빛과 에너지로 유지되고 성장되므로 끝없는 순환(윤회)을 하며 영생합니다. 영혼의 순환은 철저한 인연업과(因緣業果)의 연기 법칙에 따라 심은 대로 거두고 지은 대로 받습니다. 그러므로 사람은 살아생전에 긍정의 힘으로 삶을 가꾸어야 전생 · 금생 · 내생의 높은 차원의 에너지로 순환할 수 있습니다.

귀신을 달래어 몸에서 나가도록하는 방법은 여러 가지가 있습니다. 그 중 몇 가지만 들어 보겠습니다.

① 천도제 : 귀신을 극락왕생 길로 안내.

② 구병시식(救病施食) : 배고픈 귀신에게 음식을 대접하고 달래서 보냄.

③ 최면법 : 최면을 걸어 귀신을 천상의 황금 문으로 들어가게 함.

④ 퇴마법 : 기를 넣어 귀신을 강압적으로 내보냄.

🌴 **오아시스** 🐪 **영가시어(靈駕市語) :**

죽은 혼에게 우주의 순환 이치를 알려주어 스스로 깨닫고 그 순환의 대열로 돌아가게 하는 것입니다. 본문을 잠깐 보면, "나고 죽고 이뤄지는 모든 생멸이 허공 속의 아지랑이 꿈결 같으니…… 인연 따라 모인 것은 인연 따라 흩어지니 오는 것도 인연이요. 돌아감도 인연인 것을……"^^

TV에서 퇴마사가 빙의된 사람의 객귀를 찾아 강압적으로 쫓아내는 것을 봅니다. 또 퇴마사와 객귀가 티격태격 기 싸움을 하는 것도 봅니다. 이렇게 해서 쫓아내도 다시 객귀가 들어 올 확률이 높습니다.

이것은 잘못된 퇴마법입니다. 귀신에게도 사랑으로 접근하고 달래야합니다. 적당히 음식을 대접하고 우주의 순환 이치를 잘 설명하고 귀신이 가야할 곳으로 가도록 유도해야 합니다. 영가시어는 대우주의 순환 이치를 귀신이 알아듣게 잘 표현한 말입니다. 우리가 꼭 알아야할 것은 사랑의 힘입니다. 사랑엔 이 우주를 한 순간에 녹일 수 있는 강력한 에너지가 담겨있습니다.

:: 전생

사후세계가 있으면 당연히 전생이 있습니다. 국가와 민족에 따라 종교나 풍습에 따라 전개되는 사후세계의 시나리오가 다릅니다. 우리 생명체는 미생물이든 고등생물이든 자연계에서 동일한 법칙 하에 순환됩니다. 하물며 사람의 사후세계가 민족과 종교에 따라 다르다는 것은 모순입니다.

누구나 명상을 통해 전생을 볼 수 있습니다. 전생에 도착하면 처음엔 안개처럼 희미한 상태로 보입니다. 점점 집중을 하면 안개 걷히듯 전생이 뚜렷해집니다. 여기서 전생을 보는 두 가지 방법이 있습니다.

첫째 방법은 방문자의 입장으로 전생을 관광할 수 있습니다. 둘째 방법은 전생의 인물로 환생하여 직접 전생을 살아 보는 것입니다. 전생을 본다는 것은 과거를 보는 것입니다. 초등학교시절을 기억 속에서 여행하듯 전생도 그렇게 과거의 기억 속으로 들어가는 것입니다.

모든 생명은 전생에서 이승으로 올 때 천상의 생명지대에서 공의 터널을 지나며 세탁을 했으므로 전생의 기억이 지워져서 전생을 과거 기억처럼 쉽게 볼 수 없습니다. 아주 깊은 명상을 통하여 집중하면 전생으로 통하는 길이 보입니다.

지금부터 유도 명상을 하겠습니다. 이 유도 명상의 글을 본인이 녹음을 하여 들으면 됩니다. 아니면 누군가가 이 유도 명상 내용을 천천히 조용히 읽어 주어도 됩니다. 명상자는 이 유도되는 말에 집중하고 따라가야지, 딴 상념을 가지면 전생으로 몰입할 수가 없습니다.

유도명상에 들어가기 전에 심호흡을 하고 이완을 하여 몸과 마음의 긴장을 풀어주어야 합니다. 먼저 심호흡을 하십시오. 크게 숨을 몰아쉬고 4초 동안 참다가 휴~하고 내뱉으십시오. 이렇게 4회~5회 정도 반복하십시오. 그리고 이완을 하면서 유도명상에 들어갑니다. 먼저 눈을 감으세요. 이제부터 유도명상을 실습해 보겠습니다.

🌴 오아시스 🐫 유도명상 :

본문 유도명상 실습단계부터 유도자와 피험자의 대화체가 나옵니다. 사람마다 전생체험이 다르므로 대화체의 모델을 참고하여 자신의 대화체로 바꿔야합니다.^^

① 유도명상 들어가기 1 단계 :

창조주시여. 창조주시여. 창조주시여. 천상의 신비한 빛과 에너지를 여기에 있는 이 사람의 머리 위에 내려주옵소서.

신비한 빛과 에너지를 주서서 감사합니다. 당신의 머리 위엔 천상의 신비한 빛과 에너지가 가득합니다. 당신은 이 신비한 빛과 에너지를 육감으로 느껴야합니다. 이 신비한 빛과 에너지에 모든 감각을 집중하십시오. 자, 신비한 빛과 에너지가 당신의 백회를 통해 당신의 머리 속으로 들어갑니다. 당신의 머릿속은 천상의 신비한 에너지로 가득차고 있습니다. 당신의 머릿속이 황금빛으로 가득 찼습니다.

그 신비한 기운이 머리에서 아래로 천천히 흘러 내려갑니다. 이마로, 양 눈언저리로, 양 볼로, 입을 지나 아래턱으로, 천천히 흘러내려갑니다. 이마가 시원해집니다. 양 눈언저리의 주름살이 쫙 펴집니다. 양 볼의 근육이 쫙 펴집니다. 아래턱이 무겁고 축 처집니다.

그 신비한 빛과 에너지는 당신의 목을 통해 아래로 흘러 내려갑니다. 양 어깨로, 가슴 속으로 쫙 퍼져 내려갑니다. 양 어깨가 무겁고 축 처집니다. 심장박동이 느려지고 안정됩니다. 호흡이 느려지고 안정됩니다. 가슴이 편안해집니다.

천상의 신비한 빛과 에너지는 당신의 가슴을 지나 아랫배로 흘러 내려갑니다. 아랫배가 따뜻해지고 편안해집니다. 신비한 기운은 아랫배를 지나 허리로, 엉덩이로, 양 허벅지로 천천히 흘러 내려갑니다. 허리가 시원해지고 양 허벅지의 근육이 쫙 풀어집니다.

신비한 빛과 에너지는 양 허벅지를 지나 양 무릎으로, 종아리로 흘러 내려갑니다. 양 무릎이 시원해지고 종아리의 근육이 쫙 풀어집니다. 이제 신비한 기운은 당신의 양 발목을 지나 두툼한 발바닥과 발등을 지나 발가락 마디마디까지 흘러 내려갑니다. 발목이 시원해지고 양 발가락이 짜릿 짜릿해집니다.

이제 당신은 온 몸이 천상의 신비한 빛과 에너지로 가득 차고 온 몸이 나른해지고 천근만근 무거워집니다.

이렇게 이완을 3회 정도 반복해 주면 아주 깊은 명상 속에 빠집니다. 여기서 2회 반복합니다.

② 유도명상 들어가기 2단계 :

창조주시여. 창조주시여. 창조주시여. 천상의 신비한 빛과 에너지를 여기에 있는 이 사람의 머리위에 내려주옵소서.

신비한 빛과 에너지를 주서서 감사합니다. 당신의 머리위엔 천상의 신비한 빛과 에너지가 가득합니다. 당신은 이 신비한 빛과 에너지를 육감으로 느껴야합니다. 이 신비한 빛과 에너지에 모든 감각을 집중하십시오. 자, 신비한 빛과 에너지가 당신의 백회를 통해 당신의 머리 속으로 들어갑니다. 당신의 머릿속은 천상의 신비한 에너지로 가득차고 있습니다. 당신의 머릿속이 황금빛으로 가득 찼습니다.

그 신비한 기운이 머리에서 아래로 천천히 흘러 내려갑니다. 이마로, 양 눈언저리로, 양 볼로, 입을 지나 아래턱으로 천천히 흘러내려갑니다. 이마가 시원해집니다. 양 눈언저리의 주름살이 쫙 펴집니다. 양 볼의 근육이 쫙 펴집니다. 아래턱이 무겁고 축 처집니다.

그 신비한 빛과 에너지는 당신의 목을 통해 아래로 흘러 내려갑니다. 양 어깨로, 가슴 속으로 쫙 퍼져 내려갑니다. 양 어깨가 무겁고 축 처집니다. 심장박동이 느려지고 안정됩니다. 호흡이 느려지고 안정됩니다. 가슴이 편안해집니다.

천상의 신비한 빛과 에너지는 당신의 가슴을 지나 아랫배로 흘러 내려갑니다. 아랫배가 따뜻해지고 편안해집니다. 신비한 기운은 아랫배를 지나 허리로, 엉덩이로, 양 허벅지로 천천히 흘러 내려갑니다. 허리가 시원해지고 양 허벅지의 근육이 쫙 풀어집니다.

신비한 빛과 에너지는 양 허벅지를 지나 양 무릎으로, 종아리로 흘러 내려갑니다. 양 무릎이 시원해지고 종아리의 근육이 쫙 풀어집니다. 이제 신비한 기운은 당신의 양 발목을 지나 두툼한 발바닥과 발등을 지나 발가락 마디마디까지 흘러 내려갑니다. 발목이 시원해지고 양 발가락이 짜릿짜릿해집니다.

이제 당신은 온 몸이 천상의 신비한 빛과 에너지로 가득 차고 온 몸이 나른해지고 천근만근 무거워집니다.

③ 유도명상 들어가기 3단계 :

창조주시여. 창조주시여. 창조주시여. 천상의 신비한 빛과 에너지를 여기에 있는 이 사람의 머리위에 내려주옵소서. 신비한 빛과 에너지를 주서서 감사합니다. 당신의 머리위엔 천상의 신비한 빛과 에너지가 가득합니다. 당신은 이 신비한 빛과 에너지를 육감으로 느껴야합니다.

이 신비한 빛과 에너지에 모든 감각을 집중하십시오. 자 신비한 빛과 에너지가 당신의 백회를 통해 당신의 머리 속으로 들어갑니다. 당신의 머릿속엔 천상의 신비한 에너지로 가득차고 있습니다. 당신의 머릿속이 황금빛으로 가득 찼습니다.

그 신비한 기운이 머리에서 아래로 천천히 흘러 내려갑니다. 이마로, 양 눈언저리로, 양 볼로, 입을 지나 아래턱으로 천천히 흘러내려갑니다. 이마가 시원해집니다. 양 눈언저리의 주름살이 쫙 펴집니다. 양 볼의 근육이 쫙 펴집니다. 아래턱이 무겁고 축 처집니다.

그 신비한 빛과 에너지는 당신의 목을 통해 아래로 흘러 내려갑니다. 양 어깨로, 가슴 속으로 쫙 퍼져 내려갑니다. 양 어깨가 무겁고 축 처집니다. 심장박동이 느려지고 안정됩니다. 호흡이 느려지고 안정됩니다. 가슴이 편안해집니다.

천상의 신비한 빛과 에너지는 당신의 가슴을 지나 아랫배로 흘러 내려갑니다. 아랫배가 따뜻해지고 편안해집니다. 신비한 기운은 아랫배를 지나 허리로, 엉덩이로, 양 허벅지로 천천히 흘러 내려갑니다. 허리가 시원해지고 양 허벅지의 근육이 쫙 풀어집니다.

신비한 빛과 에너지는 양 허벅지를 지나 양 무릎으로, 종아리로 흘러 내려갑니다. 양 무릎이 시원해지고 종아리의 근육이 쫙 풀어집니다. 이제 신비한 기운은 당신의 양 발목을 지나 두툼한 발바닥과 발등을 지나 발가락 마디마디까지 흘러 내려갑니다. 발목이 시원해지고 양 발가락이 짜릿 짜릿해집니다.

이제 당신은 온 몸이 천상의 신비한 빛과 에너지로 가득 차고 온 몸이 나른해지고 천근만근 무거워집니다.

:: 전생의 인연들과 만남

지금부터 본격적으로 실습명상에 들어갑니다. 유도할 때 장면이 전환되면 하나, 둘, 셋, 하고 손뼉을 딱! 쳐서 신호를 주면 효과적입니다. 그리고 명상을 깊게 유도할 시엔 열에서 영까지 수를 역으로 세어 내려갑니다. 자, 지금부터 제가 열에서 영까지 세어 내려가면 당신은 한없이 고요한 휴식의 세계로 빠집니다. 열, 아홉, 여덟, 일곱, 여섯, 다섯, 넷, 셋, 둘, 하나, …… 영, 딱!

당신은 아주 깊은 휴식의 공간에 와 있습니다. 천상의 에너지가 가득한 절대 평화와 절대 휴식의 공간에서 당신은 아주 깊은 휴면을 취하고 있습니다. 어느 누구도 당신의 이 깊은 휴면의 공간을 침입할 수 없고, 어느 누구도 당신을 방해할 수 없습니다. 당신은 지금 천상의 신비한 에너지로 가득 찬 상태로 아주 어유롭고 아주 평화로운 상태를 만끽하고 있습니다. 이제 집중력과 자신감이 넘치는 천하무적이 되었습니다. 자, 제가 하나에서 셋을 세면 중학교 때 소풍간 장면으로 이동합니다. 하나, 둘, 셋, 딱!

"당신은 지금 친구들과 소풍을 왔습니다. 맛있는 도시락과 음료수, 다과 등을 싸가지고 담임선생님 인솔 하에 소풍을 왔습니다."

"지금 당신은 건물 밖입니까, 건물 안 입니까?"

"건물 밖입니다."

"친구들과 선생님이 눈에 보입니까?"

“네, 보입니다.”

“지금 당신이 있는 장소가 어딘지 말 할 수 있습니까?”

“네, 서오능입니다.”

“좋습니다. 당신은 지금 소풍장면에서 즐겁고 재미있는 시간을 즐기고 있습니다. 지금 당신 주변에 누가 있는지 무슨 이야기를 하고 있는지 집중해서 잘 보고 들어보세요. 당신의 집중력과 자신감은 대단합니다. 천하무적입니다. 중학교 시절의 소풍장면이 점점 더 뚜렷해지고 있습니다. 지금 당신 옆에 누가 있는지 말 할 수 있습니까?”

“김선영이랑 같이 있습니다.”

“지금 당신은 즐겁습니까?”

“네, 재미있어요.”

“좋습니다. 자, 이제 제가 셋을 세면 초등학교 입학식 장면으로 들어갑니다. 하나, 둘, 셋, 딱!”

“당신은 지금 초등학교 입학식 장면에 와 있습니다. 새로운 친구들과 선생님이 당신 주변에 모여 있습니다. 자, 당신은 건물 밖입니까, 건물 안 입니까?”

“건물 밖에 있습니다.”

“당신은 초등학교 입학식에 누구랑 같이 오셨나요?”

“엄마랑 같이 왔습니다.”

“엄마가 지금 보이나요?”

“네, 제 뒤에 계세요.”

"당신의 옷 색깔을 말해보세요."

"분홍색 치마와 흰색 상의를 입고 있습니다."

"초등학교 입학식이 점점 뚜렷해지고 있습니다. 선생님이 무슨 말씀을 하시는지 잘 들어보시고 친구들이 뭐라고 이야기하는가도 잘 들어 보세요. 당신 옆에 누가 있는지 말해 줄래요?"

"박인식 남자친구입니다."

"예, 당신의 집중력과 자신감은 대단합니다. 자, 지금부터 셋을 세면 세 살 혹은 당신의 최초 기억 속으로 들어갑니다. 하나, 둘, 셋, 딱!"

"당신은 지금 아주 어린 시절 최초의 기억 속에 와 있습니다. 당신의 집중력은 과히 천하무적입니다. 당신의 어린 시절 기억이 점점 뚜렷해지고 있습니다. 당신은 지금 누구와 함께 있는지 말해 줄 수 있습니까?"

"엄마랑 …"

"또 누가 당신 옆에 있는지 말해 줄 수 있습니까?"

"할머니랑 …"

"지금 당신은 무엇하고 있습니까?"

"우유를 먹고 있어요."

"엄마는 무엇 하시나요?"

"옷을 만지고 있어요."

"할머니는 무엇을 하고 계시나요?"

"청소하고 계세요."

"당신은 방안에 있습니까?"

"아니요, 거실에 있어요."

"당신의 아주 어린 시절 한 장면에 당신은 있습니다. 어머니와 할머니의 따뜻한 사랑을 받으며 아주 평화로운 시간을 보내고 있습니다. 더욱 집중하시고 주위에 무슨 소리가 나는지 거실에 무엇이 있는지 잘 살펴보세요. 지금부터 셋을 세면 당신은 이 세상에 태어나기 전인 어머니 뱃속으로 들어갑니다. 하나, 둘, 셋, 딱!"

"당신은 어머니 뱃속에 와 있습니다. 세상에서 가장 평화롭고 가장 따뜻한 어머니 뱃속에서 아주 행복하게 지내고 있습니다. 당신이 있는 어머니 뱃속이 어두운지 환한지 살펴보세요. 밖에서 무슨 소리가 들리는지 귀를 기울여 보세요. 무슨 소리가 나는지 말해 줄 수 있나요?"

"예, 엄마가 노래 불러요."

"무슨 노랜 줄 아나요?"

"산토끼 토끼야, 어디로 가느냐 … 어머니가 뱃속의 저를 위해 노래를 불러주네요."

"지금부터 셋을 세면 어머니 뱃속에 오기 전인 전생으로 통하는 긴 터널을 걸어갑니다. 이 터널을 공의 터널이라 합니다. 이 터널을 지나면 전생의 모든 지워진 기억이 재생됩니다. 하나, 둘, 셋, 딱!"

"당신은 지금 전생으로 통하는 공의 터널을 걸어가고 있습니다. 그 옛날에 당신은 이 터널을 통하여 이 세상에 왔습니다. 지금은 온 길을 되돌아갑니다. 당신이 걸어가는 이 터널이 어두운지 밝은지 느껴 보세요. 습도는 어느 정도인지 또 온도는 어느 정도인지 느끼면서 천천히 전생을 향하여 걸어가세요. 지금 당신이 걸어가는 터널이 넓습니까?"

"아니요. 좁습니다."

"구불구불합니까?"

"네, 구불구불해요"

"육감을 집중시켜 느낌을 더욱 구체화 시키십시오. 이 공의 터널을 지나야 전생에 들어갈 수 있습니다. 천천히 걸어가세요. 이제 공의 터널을 거의 다 통과했습니다. 제가 셋을 세면 전생에 가기 전인 생명지대에 들어갑니다. 이 지대는 천상의 신비한 빛과 에너지가 가득하고 모든 생명의 터미널 장소입니다. 하나, 둘, 셋, 딱!"

"당신은 지금 천상의 생명지대에 와 있습니다. 신비한 빛과 에너지가 가득한 생명지대는 이 우주의 모든 생명의 순환 터미널입니다. 당신은 전생을 떠나 새 생명으로 탄생할 때까지 이곳에 잠시 머물러 있었습니다. 근원인 영혼이 성장할 에너지로 가득한 곳입니다. 집중하십시오. 수많은 영들이 자기 주파수가 맞는 곳에 모여 구름처럼 떠다니고 있습니다. 천상을 둥둥 떠다니는 수많은 영혼들과 함께 있습니다. 자, 제가 셋을 세면 전생에서 가장 가슴 벅찼던 장면으로 이동합니다. 하나, 둘, 셋, 딱!"

"당신은 지금 전생에서 가장 가슴이 벅찬 장면에 와 있습니다. 서둘지 말고 천천히 집중하시면 안개가 걷히면서 전생이 뚜렷해집니다. 당신은 당신의 육신을 떠나 수억 만 리 여행을 한 영혼입니다. 당신은 영혼으로 모든 것을 느낄 수 있습니다. 전생·후생·현생을 자유자재로 출입할 수 있는 영혼입니다. 당신의 영혼은 지금 전생에 와 있습니다. 전생에서 가장 가슴 벅찬 장면에 와 있습니다. 당신은 영혼입니다. 당신은 영혼입니다. 집중하세요. 지금 무엇이 보이는지 말해줄 수 있나요?"

"네, 보여요. 시골 장터가 보여요."

"당신은 장터에서 무엇을 하고 있나요?"

"어머니하고 비단 가게에서 옷감을 사고 있어요."

"어머니가 무슨 말씀을 하고 있는지 말해줄 수 있나요?"

"비단장사 아줌마와 이야기하면서 내가 두 달 있으면 시집간다고 말해요. 혼수 감을 사느라고 기분이 좋은가 봐요. 좀 부끄럽지만, 속으론 너무 즐겁고 기분이 좋아요."

"장날의 풍경을 말해 줄 수 있나요?"

"남자들은 갓을 쓰고 흰 두루마기를 입고 있습니다. 여자들은 쪽머리에 비녀를 찌르고 흰 무명옷을 입고 있습니다. 상투머리를 한 남자도 보이고 비단 옷을 입은 여인네도 보입니다."

"당신의 이름을 말해줄 수 있나요?"

"언년이요. 남언년."

"가족관계를 말해줄 수 있나요?"

"네, 삼년 전에 할아버지가 돌아가시고 할머니와 아버지 어머니 그리고 칠남매에 내가 셋째입니다."

"지금 당신이 있는 장소가 어딘지 어느 시대인지 말해 줄 수 있나요?"

"경상도 상주 땅이고요. 어느 시댄지는 몰라도 몇 년 전에 동학란이라는 게 일어나서 인근 고을에 사람들이 엄청 많이 죽었답니다."

"좋습니다. 지금부터 당신이 시집가서 어떻게 살고 있는지 보겠습니다. 셋을 세면 십년 후 섣달 그믐날로 가 봅니다. 하나, 둘, 셋, 딱!"

"당신은 시집 온지 십년이 되었으며, 섣달 그믐날 저녁입니다. 천천히 주위를 살펴보십시오. 지금 그 장면을 말해 줄 수 있나요?"

"사람들이 많이 모여 있어요."

"무슨 일인지 알 수 있나요?"

"아이고! 우리 남편이 죽었어요. 엉, 엉, 엉 … "

"당신 남편이 죽다니 무슨 말인지 못 알아 듣겠으니 자세히 말해 주세요."

"네. 우리 남편이 석 달 째 심한 기침을 하다가, 지금 막 죽었답니다. 흑 흑 흑 … "

"참으로 우연입니다. 지금 슬하에 자식은 몇이나 두셨나요?"

"삼남 일녀입니다. 아이고! 이 어린 것들을 어찌 다 키우라고 혼자 죽는단 말인가요! 흑 흑 흑 … "

"참으로 우연스럽게도 전생의 충격적인 장면을 보았습니다. 제가 셋을 세면, 다시 큰 아들 장가가는 경사스런 날의 장면으로 들어갑니다. 하나, 둘, 셋, 딱!"

"당신은 큰아들 장가가는 아주 경사스런 장면에 있습니다. 홀어머니로서 네 명의 자녀를 키우느라 고생이 많았습니다. 지금 며느리를 맞이하는 기분이 어떻습니까?"

"기분이 좋아요. 조상 대대로 물려내려 온 문전옥답 덕분에 큰 고생 없이 살았습니다. 밭일 들일하랴, 집안 살림하랴, 자식들 돌보랴, 눈 코 뜰 새 없이 바쁘게 살았습니다."

"결혼식을 하는 광경을 말해 줄 수 있나요?"

"일가친척이 모였고 마을 사람들이 다 모였습니다. 마당엔 멍석을 깔고 높은 상을 차리고 서당 영감님의 혼례절차에 따라 북향재배를 하고 신부신랑이 맞절을 하며 예식이 진행되고 있습니다."

"축하드립니다. 며느리가 예쁩니까?"

"아이쿠! 보름달 같이 훤해 보입니다."

"지금부터 셋을 세면, 당신은 임종 순간으로 갑니다. 하나, 둘, 셋, 딱!"

"당신은 지금 임종을 맞고 있습니다. 지금 어디에 있는지 말해 줄 수 있나요?"

"네, 우리집 안방에 누워 있습니다."

"자손들이 다 모였습니까?"

"아들 딸 며느리 손자 다 모였습니다."

"지금 당신의 나이를 말할 수 있나요?"

"쉰 아홉입니다."

"가족들이 울고 있나요?"

"모두 슬픈 표정으로 나를 지켜보고 있어요. 며칠 전부터 남편과

시부모님이 오서서 나를 데려가시겠다고 하셔요."

"저승사자는 안보이나요?"

"보여요. 검은 옷을 입고 검은 망건을 쓰고 창백한 얼굴로 내 옆에 시립해 있어요."

"자. 제가 셋을 세면, 임종을 합니다. 하나, 둘, 셋, 딱!"

"당신은 이제 생을 마감 했습니다. 당신의 영혼은 당신의 몸을 빠져 나와 천장에서 가족들과 당신의 시신을 내려다보고 있습니다. 가족들이 슬퍼서 통곡을 합니다. 그러나 당신은 황홀한 기분에 취해 있습니다. 당신은 사흘 동안 당신의 가족 주변을 맴돌며 당신의 장례식이 치러지는 광경을 지켜보고 있습니다. 마당에 상여가 들어오고 당신의 시신을 친지들이 염을 합니다. 당신의 영혼은 천상에 구름 떼처럼 몰려 있는 영혼들을 바라보면서 저 영혼들과 합류해야 한다고 느끼고 있습니다. 그리고 삼일 째 저승사자를 따라 당신의 영혼은 천상으로 올라갑니다. 각혼과 신혼은 지상에 남아 육신과 가족 곁을 맴돕니다."

"자, 당신은 생명지대에 인간으로 환생하기 위한 주파수대에 입적해 있습니다. 당신의 영혼은 이미 육신을 가진 영혼이므로 여기에 머물 필요가 없습니다. 제가 셋을 세면, 당신은 아주 상쾌하게 자신의 육신으로 들어가 깨어납니다. 상쾌합니다. 하나, 둘, 셋, 딱!"

"여유롭습니다. 개운합니다. 눈을 천천히 뜨세요."

에필로그 ● ●
: 자연계에서의 올바른 삶

　무조건 긍정적 사고로 세상을 살아가는 것입니다. 긍정의 힘은 전생의 과오를 치료해주고 현생을 행복으로 이끌어 주고 사후세계를 업그레이드시켜 줍니다.

　긍정의 힘 속에는 물질도 있고 건강도 있고 인연도 있습니다. 긍정의 조건은 무조건 감사하는 것입니다. 이 세상 모든 생물에게 감사하고 이 세상 모든 물질에게 감사하는 것입니다. 그리고 이 찬란하고 눈부신 세상을 경이로운 마음으로 바라보고 산책하는 것입니다.

　우리가 매일 일용하는 양식을 보십시오. 하루에도 수십만의 생명을 포식하며 존재하는 우리는 대자연에 무한한 빚을 지고 살아갑니다. 무엇으로 이 무한한 빚을 값을 수 있겠습니까. 감사한 마음을 갖는 것 외에는 우리가 할 수 있는 일은 아무 것도 없습니다.

　우리를 호흡하게 하는 공기며, 우리의 갈증을 풀어 주는 물이며, 그리고 우리에게 먹고 마시고 입고 자는 모든 것을 마련해주는 대자연에 한없는 감사를 드릴 때, 우리는 얼마간의 빚이라도 값을 수 있을 것입니다. 그리고 이 세상 모두를 사랑하는 것입니다. 우리가 생명으로 존재하고 있는 동안 자연에게 보답할 수 있는 유일한 기회입니다.

우리가 무엇을 얻기 위한 전제조건으로 이웃을 위해 기도하고 이웃에게 베푸는 행위는 진정한 의미의 긍정이 아닙니다. 하나의 적선을 하면 열의 복을 얻는다는 믿음으로 적선을 한다면 그건 믿음도 아니고 선행도 아닙니다. 사람들은 남을 위해 기도하고 국가와 민족을 위해 기도하면 자신의 소망이 이루어진다고 생각합니다. 그러나 이것 역시 기도가 아닙니다. 기도가 아니므로 당연히 소망 따위는 이루어지지 않습니다. 마태복음 6장 3절 말씀에 "너는 구제할 때에 오른 손의 하는 것을 왼손 모르게 하여 네 구제함이 은밀하게 하라."라고 하였습니다. 바로 이 말씀이 긍정의 진리입니다.

긍정은 일방통행입니다. 자연에 감사하고 모두에게 감사하며 기쁜 마음으로 살아가는 것입니다. 함부로 생명을 죽이지 말고 이유 없이 자연을 훼손 하지 말아야 합니다. 우리가 이 세상에서 살면서 자연의 큰 은혜에 보답할 것은 아무 것도 없다고 했습니다. 만약 있다면 자연에게 감사하고 자연을 가꾸고 지키는 것입니다.

어떻게 하면 이 세상을 보람 있게 잘 살다 갈 수 있을까? 이러한 화두는 인간뿐만 아니라 모든 생명체에게도 다 적용되는 과제입니다. 그러나 수수께끼 같은 화두지만 해답은 매우 간단합니다. 긍정의 힘을 믿고 힘들고 어렵고 귀찮더라도 정면 돌파하면 소망은 이루어진다는 사실입니다. 대개 불행한 삶을 사는 사람들은 힘들다고 피하고, 어렵다고 피하고, 귀찮다고 피하기 때문에 아무 것도 성취 못하고 불행하게 삽니다.

오늘날 지나친 산업화로 생태계가 교란되고 자연이 파괴되었습니다. 도시화로 인구는 편재되고 국토개발은 균형을 상실했습니다. 천하지대본인 농업은 폐허가 되어 의욕을 잃은 지 오래되었습니다. 부의 편재로 양극화 현상이 심화되고 있습니다. 노조와 이익단체들은 밥그릇 싸움에 목숨을 걸고 있습니다. 오늘의 사회가 왜 이렇게 혼란스러울까요? 이유는 결국 힘들다고 피하고, 어렵다고 피하고, 귀찮다고 피하기 때문에 생긴 필연의 결과입니다.

힘 안 들고 덜 어려운 곳으로만 모든 사람들이 모여 북새통을 이루고 아귀다툼을 하기 때문에 삶이 치열할 수밖에 없습니다. 이러한 삶은 현세도 고통스럽고 내세도 고통스럽게 됩니다. 산업화로 모든 사람이 거대한 가전제품 같은 도시로 집결되어 살고 있습니다. 유전자처리와 무균처리로 대량 수확한 식량을 소비하고 방부제 처리된 인스턴트식품을 상용하는 오늘의 도시민들은 죽어도 자연으로 돌아가지 못하는 미라로 남게 될 것입니다.

인간으로 태어나 살아 있는 동안 자신의 영혼을 업그레이드 시킬 수 있는 절호의 기회를 놓쳐서는 안 됩니다. 행복의 고정관념을 재정립하여, 의식주를 자연의 순환고리에서 해결하고 모든 생명과 공조를 하며, 감사와 사랑을 키워나가는 것입니다. 요즈음 텅텅 비어가고 있는 농어촌이야말로 우주적 관점에서 삶의 질을 높일 수 있는 최적의 공간입니다. 자연을 직접 기르고 사랑하고 감사하고 돌보면 자신의 영성은 무럭무럭 성장합니다. 모두가 대통령이 되겠다는 허황된 꿈으로 실패하고 괴로워하는 현대인들 삶의 모습은 참으로 측은합니다.

어떤 이는 모두가 대통령을 꿈꾼다는 말에 동의 할 수 없다고 할지도 모릅니다. 자기는 대통령 할 꿈은 고사하고 상상도 안했다고 할 것입니다. 좋습니다. 그런 말은 스스로 꿈을 포기한 것이지 대통령이란 타이틀에 욕심이나 부러움이 없다는 뜻은 아닙니다. 우리는 권력을 선호하고 재벌을 선망합니다. 권력이나 재벌은 인생의 수단적 측면에서 매우 유용한 도구임은 틀림없습니다. 그러나 그것은 어디까지나 수단으로 그쳐야지 그 자체가 인생의 목적이 되어서는 안 된다는 말입니다. 만약 그것을 목적으로 삼게 되면 재벌이나 권력의 노예가 되어 불행의 수렁에 빠지고 맙니다.

137억년의 우주 탄생역정의 드라마에서 이 세상이 무에서 탄생한 것이 입증되었고, 우주론적으로 과거·현재·미래가 공존하고 있다는 사실도 알았습니다. 그리고 우주의 씨에서부터 출발하여 빅뱅의 초열지옥을 거쳐 우리은하의 수많은 초신성들이 생멸했으며, 그 초신성들의 비명 소리로 만들어진 원소가 우리를 우주의 주인으로 태어나게 했습니다. 우리 몸속의 60조개의 세포들은 떠나온 저 아득한 별나라를 동경하며 이 인연의 땅에서 오늘도 끝없이 순환하고 있습니다.

우리가 살아 있는 동안 이 경이로운 세상을 구경하고, 우리와 함께하는 천지 만물과 반갑다는 인사도 나누고, 상생하는 지혜를 쌓으며 살아가는 것이 참된 삶이라고 확신합니다. 호미 하나 들 기력이 있을 때 까지 자연에 묻혀 사는 것이 나의 꿈입니다. 더 많은 사람들이 이 아름다운 꿈을 함께 하기를 염원합니다.

2010년 3월
광나루 강변에서
저자 유 광 호

의학의 달인이랑 식사하실래요?

김응수 · 김명희 지음 / 올컬러 / 13,000원

현직 병원장, 중학교 교사, 애니메이션 화가가 힘을
합쳐서 완성한 청소년을 위한 메디컬 에피소드 제1탄!

이 책 보다 더 재미있는 의학 이야기는 없다.
흥미 만점의 이야기에 푹 빠지다 보면 어느 사이에 의사가
되고픈 꿈이 솔솔~
온 가족이 함께 읽어도 좋은 책입니다.

문화의 벽을 넘어라
선교와 해외봉사

드와인 엘머 지음 / 김창주 옮김 / 326쪽 / 13,000원

이 책은 선교나 해외봉사에서 필요한 지혜를
가르쳐 줄 뿐만아니라 국제사업 분야에서도
활용될 수 있는 통찰력을 제공한다.

여의도 스티브잡스의 성공10계명
트위터 100만 대군의 신화

박인규 지음 / 신국판 208쪽 / 13,000원

국내 트위처 인구가 모두 190만 명이던 2010년 10월,
단일부로서는 최초로 무려 100만 팔로워라는 엄청난
대기록을 수립한 하나대투증권 박인규 부장의 성공비결 공개

여우사냥 1&2

다니엘 최 지음 / 반양장 368쪽 / 각권 13,000원

- 제1권 조선의 왕비를 제거하라
- 제2권 원수 찾아 삼만리

이 책은 명성황후 시해사건의 핵심 3인방인 이노우에 가오
루(井上馨), 미우라 고로(三浦五樓), 그리고 이토 히로부미
(伊藤博文)의 젊은 시절을 추적함으로써 그들과 이 사건의
연관관계를 파헤친다.

가난이 선물한 행복

다니엘 최 지음 / 반양장 368쪽 / 11,000원

이 책은 한국판 〈채털리부인의 사랑〉이다.
두 명의 나를 통하여 들어보는 한 가정의 몰락과
좌절 ─ 그 가슴 아픈 이야기. 그리고 끈질긴 노력
끝에 마침내 재기에 성공하는 통쾌한 반전드라마!

굿바이 내 사랑 스프라이트

마크 레빈 지음 / 김소향 옮김 / 고급 양장본 / 260쪽 / 9,500원

몸의 여러 질병에도 불구하고 주인에게 기쁨과 위안을
주려는 스프라이트의 노력, 안락사를 시켜야 할지를
두고 고민하는 가족들의 착잡한 심정, 스프라이트를
떠나보내면서 가족들이 흘리는 눈물, 주위 사람들이
보내주는 위로의 편지들.

성공의 기술

빌 보그스 지음 / 최우수 옮김 / 288쪽 / 13,000원

르네 젤위거, 브룩 쉴즈, 바비 브라운, 리처드 브랜슨,
조 토레 등 사회 최상류층까지 올라간 40여 명사들의
성공 노하우와, 성공 그 반대편에 있었던 실패의 교훈들을
살펴본다.

부부치유학

임종천 지음 / 336쪽 / 14,000원

건강한 가정을 꿈꾸는 사람들이라면 반드시 읽어야 할,
부부갈등의 예방과 치료를 위한 종합처방전.
**"가정치유사역 전문가 임종천 목사가 문제가정에
선물하는 부부예절지침서"**

박정희 다시 태어나다

다니엘 최 지음 / 440쪽 / 13,000원

박정희 대통령과 육영수 여사가 만일 비운에 돌아가시지
않고 천수를 다 하셨다면 대한민국은 과연 어떻게
변했을까?
본격적인 가상 정치, 경제, 군사소설.

슬픔이 밀려올때

컬크 니일리 지음 / 지인성 옮김 / 240쪽 / 12,000원

이제 막 결혼하여 행복한 가정을 이루며 살아가고 있는
아들과 며느리의 삶을 지켜보는 것은 노 목사 부부의
크나 큰 기쁨이었다. 그러던 어느 날 아들의 갑작스런
죽음은 그들 가정에 엄청난 충격을 몰고 오는데.

바다에 산다

다니엘 최 지음 / 208쪽 / 9,000원

2002년의 제2차 연평해전에서 온 몸을 다 바쳐
조국의 바다를 지켜낸 자랑스러운 우리의 해군 용사들.
아, 우리는 왜 그때 그들을 위해서 눈물을 흘려주지
못했던가…

남북통일

정명철 지음 / 280쪽 / 11,000원

베일에 싸여진 인물 '천지'의 실체는 무엇인가?
그가 과연 북한을 움직이는 '보이지 않는 손' 인가?

교도소에서 복역 중이던 한 엘리트 기자의 갑작스런
죽음, 뒤이어 발생하는 통일전문가들의 연속적인 사고사.
그리고 실종사건들…

이 책은 정치소설과 추리소설의 흥행요소만을 결합시킨 실험소설이다.

나는 상상한다 고로 창조한다

에이미 프라이스 지음 / 박인규 · 최우수 옮김 / 320쪽 / 15,000원

이 책은 상상하는 능력, 그중에서도 공상이 창조성에
미치는 영향을 분석한 최초의 보고서이다. 저자는 이책에서
과학, 예술, 스포츠, 비즈니스 분야에서서 공상력이 어떻게
성적을 향상시켰는지 자세히 설명하고 있다.
앞으로의 시대는 단 한방의 창조적 상상이 100만 명을
먹여 살리는 시대가 될 것이다.

소설 동북공정
– 중국의 음모를 분쇄하라

김경도 지음 / 356쪽 / 13,000원

아, 정녕 북한은 중국의 '동북제4성'으로 편입되고야 마는가?
중국의 동북공정 속에 숨겨져 있는 역사왜곡과 영토
확장 음모를 가장 정확히 파헤친 기념비적인 작품!

글로벌챌린저 칼빈의 평양다이아몬드

칼빈 리 지음 / 280쪽 / 14,000원

세계 무대가 오히려 좁은 청년 칼빈 리!
"세계2위 UC 버클리 정치학과를 졸업한 후, 만 30세의
나이에 세계적인 다이아몬드 전문가가 된 칼빈.
다이아몬드를 하나의 산업으로 일구고자 전 세계를 넘어
마침내 평양에 다이아몬드 가공공장을 세우기까지의
파란만장한 모험과 도전정신을 읽는다."

악마의 계교

데이비드 벌린스키 지음 / 현승희 옮김 / 양장 254쪽 / 16,500원

무신론의 과학적 위장 – 신은 만들어지지 않았다!
이 책은 무신론 과학자들의 억지 주장 속에 숨겨져 있는
허구들을 낱낱이 들추어낸다. 그리고 그들의 공격으로
인해 고통당하고 있는 수백만의 믿는 사람들에게
자신감을 갖게 해 준다.